地球環境が目でみてわかる科学実験

川村康文 著

築地書館

地球はどうなっている？

新聞やテレビなどで、連日のように取り上げられる地球環境問題やエネルギー問題。

これらを、身近なこととして受け止めるのはなかなか難しいことだと思います。

本書では、中高生レベルの知識があれば、誰でも簡単にできる実験を紹介しています。

身近な実験を通して、地球レベルの環境問題が、目で見て、感じて、まさに実感することができます。

本書にあげた実験のようなことが地球上の各地で起こっているとすれば、じつは、たいへんなことです。

私たちの住む星は、この地球しかありません。

45億年の時の中で、地球が作り出してきたいろいろな贈り物、それらを私たち人類は、一瞬のうちに使い果たし、壊そうとしています。

平均気温15℃の水の惑星、地球。

人類にとっては、宇宙一快適な生活環境です。もちろん、人類は、この環境に適合するものとして誕生したわけですから、あたり前です。

この地球環境が、人類自らの手で変形しつつあるのです。

しかも私たちの無知によって。

私たちは考える力をもち、それを有効に利用することのできる唯一の地球上生命体です。しかし、私たちの叡智《えいち》は、地球環境を健全に保つには、まだ十分ではないのでしょうか？

地球環境問題、エネルギー問題を知って、これらの問題解決に私たちの叡智を傾けましょう。

叡智を傾けるためには、ただ単に知っているだけではいけません。

それらを科学的に理解することが大切です。

本書をその手助けにしていただければ幸いです。

CONTENTS

PART 1　環境問題ってどんなこと？

1　地球温暖化（Global Warming）……………………2
二酸化炭素による温室効果を調べてみよう。
地球モデル実験器で、地球の温暖化を実感！

2　酸性雨（Acid Rain）……………………………16
酸性・アルカリ性について、身近な食品で学び、インターネットなどで世界の酸性雨の動向も学習。
そして、自分の住む地域の酸性雨を測定してみよう。

3　大気汚染（Air Pollution）……………………24
大気汚染の原因になっている気体を調べてみよう。
二酸化炭素が呼気に含まれることや、呼気の中にも酸素がまだ残っていることや、ガスファンヒータからの二酸化窒素の発生も確かめてみよう。

4　エアロゾルによる地球温暖化・冷却化
（Aerosol）……………………………………32
空気中に放出された微粒子（エアロゾル）の影響を調べる。
ジーゼルエンジン車から出される煤煙《ばいえん》によって地球が温暖化することや、工場から出される微粒子によって、冷却化することを実験しよう。

5　オゾン層の破壊と紫外線（Ozone depletion by CFCs & Ultraviolet ray）……………………38
紫外線にもいろいろな波長があります。エネルギーの高い紫外線は人体に有害で、オゾン層の破壊で、地上に降り注ぐ有害な紫外線の量が増えていることを知り、その対策を考えよ

う。　紫外線の楽しい実験も紹介しました。
おまけペットボトル箔《はく》検電器を作ってみよう ……………46

PART 2 環境にやさしいエネルギー

6 電気エネルギーといろいろな発電
（Electric Energy） ……………………………50
手回し発電機を作ってみよう。
自分で、まめ電球やダイオードを点灯させてみることで発電の原理がわかります。

7 太陽電池（Solar Cell） ……………………60
光合成型太陽電池を作ってみよう。
自分たちの手で簡単に作ることのできるので、人気の実験です。

8 風力発電（Wind Power Generation） ………70
サボニウス型の風車風力発電機を作る。
実際に自然に吹いている風で、風力発電をしてみましょう。

9 燃料電池（Fuel Cell） ……………………78
身近なドリンクで、燃料電池を作ろう。
むずかしい化学薬品を使わないで、身近な飲み物で行えます。

10 省エネルギー（Energy Conservation） ……86
省エネ電球実験器で省エネについて考えてみよう。
白熱電球と省エネ電球の光のスペクトルの違いを見てみよう。
分光器を工夫することで、すてきな光のショーも楽しめます。

CONTENTS

PART 3　これからの地球を考える

11　環境家計簿（Eco-Manager）……………………**98**
省エネの達成感を実感できる「環境家計簿シート」と「エコライフチェックシート」を紹介します。

12　京都議定書（Kyoto Protocol）……………………104
地球温暖化をくい止めることのできる世界で唯一の取り決めです。

本書で参考にした本など……………………**108**

これは便利！　実験材料がインターネットで買えるお店………110

あとがき……………………112

1 環境問題ってどんなこと？

地球温暖化によるアラスカの氷河の崩落。
いま、地球の氷が溶けだしつつあります。
氷が水になると体積が増えるので、海面が上昇し、
世界各地に深刻な影響をおよぼします（15ページ参照）。

© Greenpeace/Morgan

Global warming

1 地球温暖化

大気中の二酸化炭素の増加による地球の温暖化が問題になっています。地球温暖化防止京都会議（COP3）では、この二酸化炭素の排出量の削減について議論されました。

地球が暖まってきている!?

1983年、アメリカ環境保護庁やアメリカ科学アカデミーが、大気中の二酸化炭素（CO_2）の量が現在の割合で増え続けると、地球の平均気温が上昇し、全世界に異常気象が発生するという報告をおこないました。

大気中の二酸化炭素の濃度は、18世紀の産業革命以前には、地球環境がつくってきた濃度で落ち着いていて、約280ppm（perts per million の略、100万分の１のこと。１ppm は１lの水のなかに１mg の物質が溶けている状態）でほぼ安定していました。

しかし、産業革命後、人間は快適な生活を手に入れるために、化石燃料（石炭、石油、天然ガス）を大量に使用することによって、大気中の二酸化炭素の濃度は1900年には300ppm、1958年には316ppm、1988年には350ppm、というように増えてきました。このままの勢いで化石燃料を使い続けると2050年には、1985年の２倍の濃度に達するといわれています。

そのため、地球全体の平均気温は、過去１世紀の間に0.3～0.6℃上昇しています。

また、われわれ人類は化石燃料を大量に利用することにより、快適で文化的な生活を手に入れましたが、それらの資源は枯渇してきているのです。

1988年末での石油可採年数は、ブリティッシュ・ペトロリアムの調査によるとあと41年といわれていました。

快適で文化的な生活といわれるものが、本当に文化的なのかという視点からの見なおしが迫られています。

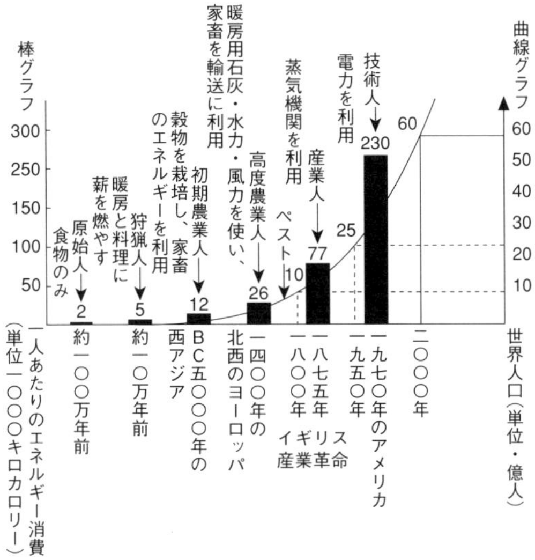

世界人口の爆発とエネルギー消費量の増大

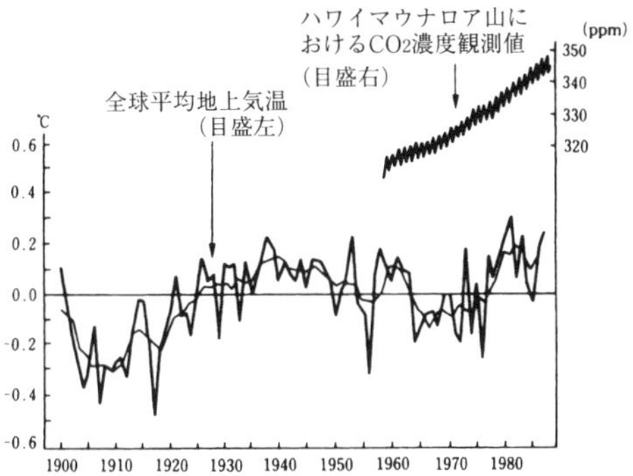

二酸化炭素濃度と気温の推移（環境白書より）

温室効果のしくみ

地球の温暖化は、どのようなシステムで生じるのでしょうか？

太陽からやってくるエネルギーは電磁波として地球に降り注ぎます。電磁波を波長の長い順にならべてみると、電波、赤外線、可視光線、紫外線、X線（エックス線）、γ線（ガンマー線）となります。電磁波のエネルギーは、波長が短いほど大きくなります。太陽からやってくる電磁波の大部分は、可視光線（目で見える光）から紫外線の範囲のもので、そのほとんどは可視光線です。

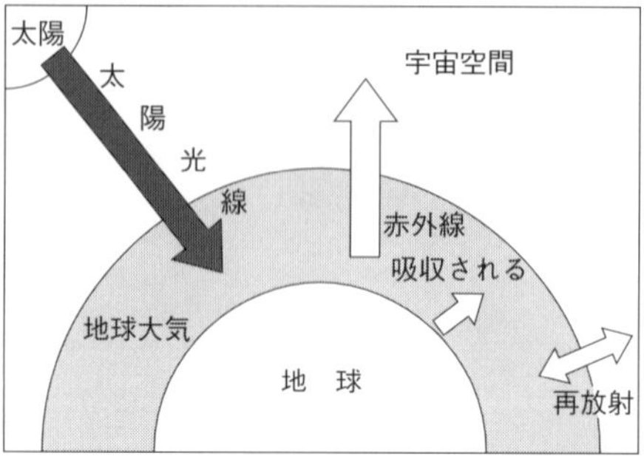

温室効果のシステム

二酸化炭素やメタン（methane）やフロンは，温室効果ガス（Greenhouse gases）とも呼ばれ、太陽光線のほとんどを地上に通過させます。地球はこの太陽からのエネルギーを受け取り、その分だけエネルギーが減少します。そして、エネルギーが減った分だけ波長が長くなった赤外線などの電磁波を地球の表面から宇宙空間に放出しています。

温室効果ガスは、赤外線（熱線）（infrared rays）を吸収する性質をもち、大気を保温する役割（温室効果）を果たしているのです。

温室効果が適度に作用すると地球が冷えきるのを防ぎ、平均気温が約15℃に保たれ生命活動が可能となります。しかし温室効果が増大すると、大気の温度は上昇してしまいます。

地球が温暖化すると……

地球が温暖化することは、ホントに大きな問題です。

このままのペースで、温室効果ガスを放出し続けると、2050年には大気温度は約２℃高くなると推測されています。これは平均値であって、赤道地域では約0.5℃、高緯度地域では約６℃という温度の上昇が予測されています。

このため、北極海の氷や南極大陸の氷が溶け出したり、海水が温度上昇のため膨張したりするため、海面上昇が起こり、海面水位は約20〜110cm上昇するのではないかとみられています。その結果、海抜0メートル地帯や現在存在する大都市のいくつかも海面下に沈んでしまうであろうといわれています。かりに50cm海面が上昇した場合には、バングラデシュなどの沿岸低地では広い範囲で浸水が起こるとみられています。また、1m以上上昇すると、ニューヨークやニューオーリンズ、カイロ、上海、東京など世界各国の沿岸主要都市が水没し、オランダやモルジブなどは国全体が沈没の危機にさらされてしまうのです。

また、地球の温暖化によって気候の変化が起こり、大干魃や大洪水が多くなるのではないかと予想されています。このため農作物に大きな被害がもたらされ、食糧事情がさらに悪化すると予想されます。

どんなことができるかな？

地球の温暖化が生じると、このように多くの影響が考えられます。では私たちは、どんなことができるのでしょうか？

ひとつ例をあげれば、大気中に増え続ける二酸化炭素を吸収するために、熱帯でおこなっている森林伐採をやめ、そのまま保存しておくことも必要です。日本の森林は、毎年5400万トンの二酸化炭素（炭素量換算）を空気中から吸い取っていると試算されています。これはわが国の二酸化炭素排出量の約17%にあたります。

「熱帯雨林は地球の肺」といわれます。化石燃料を使用することで排出される二酸化炭素のかなりの量を吸収し、空気中へ酸素（O_2）を放出しているのです。

この問題の解決には、省エネルギーに努め、化石燃料の消費量を減らすとともに、太陽エネルギー、風力エネルギー、海洋エネルギー、地熱エネルギー、バイオマスエネルギー、水素エネルギー、燃料電池、高速増殖炉、核融合、省エネルギーなどの新エネルギーの開発も待たれるところでしょう。

これは，新しい科学技術の開発だけで解決できる問題ではなく，物を大切にする精神やマイカーでの移動を公共交通機関に変えたり，冷暖房を少し緩くするなど，私たち人間のライフスタイルを変えることが求められているのです。

ほかにもある温室効果ガス

地球を暖める気体は、二酸化炭素以外にも多く存在します。メタン(CH_4)、亜酸化窒素（N_2O)、フロンなどです。

メタン……天然ガスや石炭ガスの主成分で、無色無臭。ゴミ捨て場からも発生。

フロン……オゾン層を破壊する気体としても知られる。

これらの気体は、温室効果への影響が大きいのが特徴です。メタンでは、二酸化炭素の約25倍、亜酸化窒素では約320倍、フロンにいたっては約8500倍に達します。

しかし、二酸化炭素が地球温暖化の重大な原因とされるのは、その発生量が圧倒的に多いからです。

大気中のメタンは、産業革命以前に比べて約2.5倍に増加したといわれています。石炭や天然ガスの使用にともない増加したといえます。また最近では、地下に眠るメタンハイドロレート（メタンが地中深くの氷の中に取り込まれている状態の物質）を取り出して、燃料として利用することも考えられていますが、メタンハイドロレートを使用すると、メタンや二酸化炭素の大気中へ放出量を増やすことになります。

メタンの発生源はそれ以外にもあります。牛などのゲップや水田も重大なメタンの発生源となっています。また亜酸化窒素は、肥料を与えることによって発生することが確認されており、農業が由来となる温室効果ガスの発生にも注目していくことが必要となってきました。

温室効果を確かめてみよう

実験で、温室効果を確かめてみましょう。

しかし、この実験をおこなうためには、実験を始める前にいくつかの準備をしておかなければなりません。まず、その準備をしましょう。

準備するもの

市販の２Lのペットボトル複数個（５、６個以上)、シリカゲル（乾燥剤)、温度計（普通の温度計なら５、６本以上、少し高価ですが、デジタル温度計の方が

利用しやすい)、ストップウオッチ

準備

温度計を選ぶ

最初に、複数の温度計で室温や水温、40℃程度の湯温など、複数の温度を測定してみて同じ温度を示しているかどうかを検査します。それぞれの温度ですべて0.1℃以上差が生じていない温度計を2個選び出します(できれば、同じ数値を示しているもの同士の方がいいです)。

ペットボトル

次に温度計を使って、ペットボトルを検査します。

まず、同じタイプのペットボトルの商品ラベルをはがします。ペットボトルの口に合うシリコン栓ないしはゴム栓を選び、この栓に温度計を差し込み、ペットボトル内の温度を測定します。このとき、ペットボトルの内部は十分に乾燥させておきましょう。

2本のペットボトルに温度計をつけて、太陽の光に同じ時間だけ当てます。このとき、ペットボトル内の温度の上がり方が等しいかどうかを検査します。等しい場合、これらの2本のペットボトルを実験に使います。両方のペットボトルとも、シリカゲルを入れ、ペットボトル内を乾燥させておきます。これは、水蒸気も温室効果ガスとなるので、それをペットボトル内から抜いておくためです。

一方のペットボトルには、シリカゲルを取り出した後、理科実験用の二酸化炭素ボンベから二酸化炭素を入れ、温度計付きの栓をします。もう一方のペットボトルは、普通の空気の状態にして、シリカゲルを入れて乾燥させておいたものからシリカゲルだけを取り出し、温度計付きの栓をします(シリカゲルを取り出すのが難しい場合、シリカゲルが2つのペットボトルに同量入っていれば,取り出さなくてもよいです)。

二酸化炭素を入れた方のペットボトルでは、二酸化炭素を入れたすぐ後は温度が低くなりますが、しばらくすると暖まります。このペットボトル内の温度が、もう一方のペットボトル内の温度と等しくなるまで待ちましょう。

両方のペットボトル内の温度が等しくなれば、準備完了です。

実験 1

ペットボトルと太陽で

では、太陽を利用して青空実験をしましょう。

温度計を取り付け準備のできた2つのペットボトルを、太陽に当たらないようにおおいをして、日当たりのよいところに置きます。

両方のペットボトルに、同時に太陽が当たるようにおおいを取り、実験開始です。

実験結果

熱源に太陽光を用いた場合

時間（秒）	1回目 気温 18.3℃		2回目 気温 19.5℃		3回目 気温 18.7℃	
	二酸化炭素	空気	二酸化炭素	空気	二酸化炭素	空気
0	22.1	22	22.6	23.1	20.3	20.3
30	22.6	22.6	24	24.3	22	22
60	22.8	22.8	25	25	22.7	22.5
90	22.9	22.7	25.8	25.4	23.2	22.8
120	23.7	23.4	26.3	25.8	23.5	23
150	24.4	23.8	26.8	26.2	23.7	23.1
180	24.9	23.9	27	26.3	23.9	23.2
210	25.6	23.8	27.2	26.5	24.2	23.4
240	26.2	23.7	27.3	26.4	24.4	23.5
270	26.5	23.4	27.4	26.4	24.4	23.5
300			27.4	26.5	24.3	23.4
330			27.6	26.5	24.3	23.4
360			27.5	26.4	24.4	23.5

実験結果はあくまで参考例です。みなさんの結果と照らし合わせてみましょう。

実験 2

熱源として白熱電球を使う

雨天の場合のように室外で実験ができないときには、実験室の中で実験しましょう。

準備するもの

電動式回転台（回転数を変えられる電気ドリル、カーテンレール－長さ50cm程度、幅2cm程度）、白熱電球100W、シリカゲルで内部を十分に乾燥させた2Lペットボトル2個、二酸化炭素、スタンド、ストップウオッチ

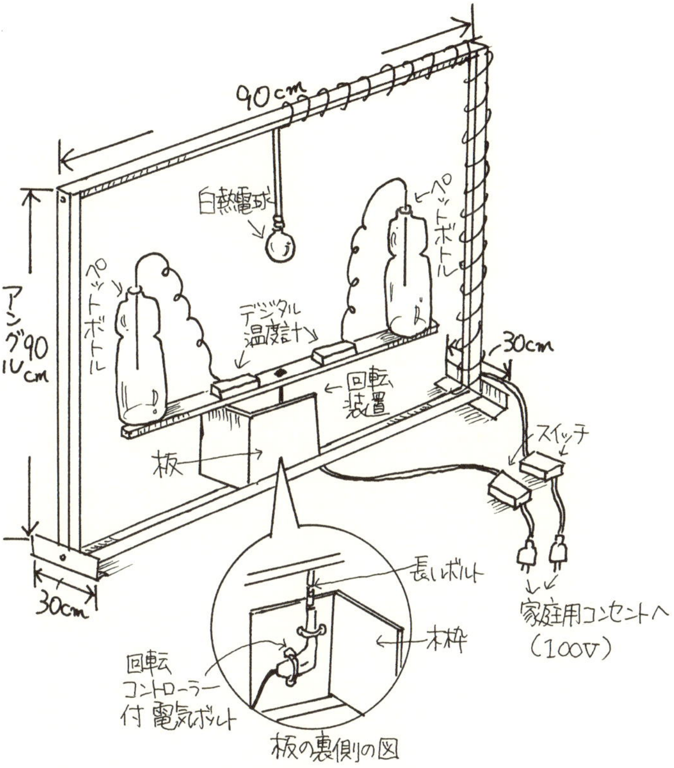

白熱電球タイプ実験器

準備

電動式回転台の作り方

電気ドリルを、真上を向くように、板に固定します。カーテンレールの

中心にボルトを固定し、このボルトを回転数を変えられる電気ドリルの中心に差し込み、ドリルのチャックをしっかり閉めます。これで電動式回転台の完成です。

カーテンレールの両端にペットボトルを取り付けます。

2本のペットボトルを電動式の回転台に固定し、回転台の中心に1個の白熱電球（100W）を熱源として上部からつるします。白熱電球のまわりをペットボトルが回転するようにします。

30秒ごとに、両方のペットボトル内の温度を測定しましょう。

実験結果

熱源に白熱電球光を用いた場合

時間（秒）	1回目 気温 27.3℃		2回目 気温 28.4℃		3回目 気温 29.6℃	
	二酸化炭素	空気	二酸化炭素	空気	二酸化炭素	空気
0	28.1	28.2	29.7	29.6	30.6	30.7
30	28.6	28.8	30.4	30.3	31.4	31.4
60	30.3	30.4	31.3	31.2	32.2	32.3
90	30.9	31.1	31.9	31.8	32.9	33
120	31.5	31.7	32.6	32.4	33.6	33.7
150	31.9	32.1	33.1	32.9	34.2	34.1
180	32.3	32.4	33.6	33.4	34.6	34.6
210	32.7	32.8	33.9	33.8	35.1	34.9
240	33	33	34.3	34.1	35.4	35.2
270	33.3	33.2	34.6	34.3	35.7	35.4
300	33.6	33.4	34.9	34.6	35.9	35.6
330	33.8	33.5	35.1	34.8	36.1	35.8
360	33.9	33.6	35.3	34.9	36.2	35.8
390	34.1	33.8	35.4	35	36.3	35.9
420	34.2	33.9	35.5	35.1	36.4	36
450	34.3	34	35.7	35.3	36.4	36.1
480	34.4	34.1	35.8	35.4	36.5	36.1
510	34.5	34.1	35.8	35.4	36.6	36.1
540	34.6	34.3	35.9	35.4	36.6	36.2

570	34.7	34.3	35.9	35.4	36.6	36.2
600	34.8	34.3	36	35.4	36.6	36.2

実験3

地球モデルを使って

熱源として赤外線ランプを用いた、地球モデルでもっと、精密な実験を試してみましょう。

準備するもの

電動式回転台、地球モデル（透明半球を2つ合わせて作る）、シリカゲル、医療用赤外線ランプ100W 4個、デジタル温度計2台、アングル90cm 4本，30cm 2本

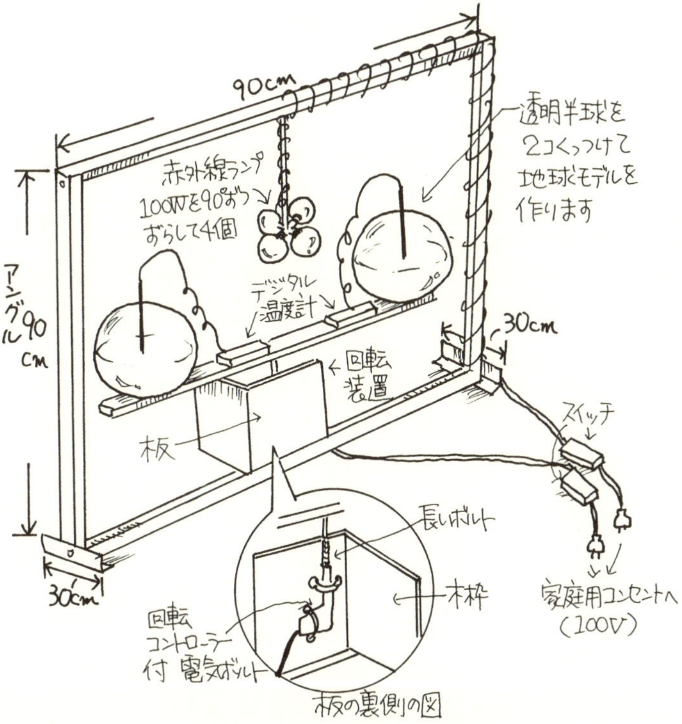

赤外線を用いた地球モデル実験器

準備

地球モデルの作り方

透明なプラスティック製の半球を2個用意し、これらを合わせて1個の球形にします。球形の上側の半球には、温度計を差し込む穴と、二酸化炭素などの気体を送り込む穴と、新たな気体を送り込んだとき、球体内部の気体が出ていく穴の3個を開けます。気体の出し入れが終わったら、それらの穴はセロハンテープでふさぎます。

次に90cmのアングル4本で，枠組みを作ります。これに30cmのアングルを取り付けて，枠組みをしっかり立つように固定します。その内部に図のように電動式回転台を固定します。また、回転軸に中心を合わせて上から熱エネルギーの発生装置（太陽モデル）をつりさげます。

これで、実験装置は完成です。

まず、地球モデルの内部にシリカゲルを入れ、両方のモデルの内部を十分乾燥させます。そして片方の地球モデルに二酸化炭素を入れます。二酸化炭素を入れた直後は、地球モデルの温度がさがりますが、しばらくすると、もう一方の普通の空気の状態の地球モデルと同じ温度にもどります。

それを確認してから実験を始めます。

太陽モデルの赤外線ランプをつけると同時に、地球モデルを回転させます。地球モデルは2秒に1回転する程度で回転させます。30秒ごとに、両方の地球モデル内の温度を測ります。

実験結果　熱源に赤外線ランプを用いて、地球モデルを作って実験した場合

時間（秒）	0	20	60	100	160	220	280	340	400	560	580	600
二酸化炭素	22	22.1	22.6	22.9	23.5	24.1	24.5	24.9	25.1	25.8	25.8	25.8
空　気	22	22.2	22.5	22.9	23.4	23.9	24.3	24.6	24.8	25.3	25.3	25.3

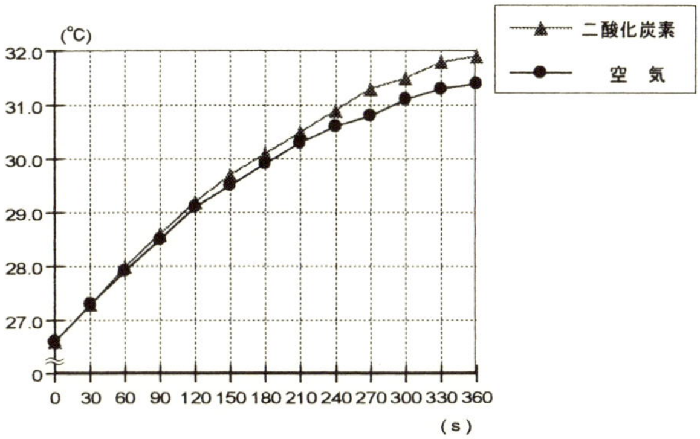

二酸化炭素による温室効果

発　展

いろいろな実験の仕方や実験器を紹介しましたが、まだまだ工夫の余地はたくさんあります。最後に示したものは、太陽とみなした熱源を、アングルで枠を作ってつるすタイプのものでしたが、さらに実験器全体をもっとコンパクトなものにすることができます。熱源を固定する棒のまわり

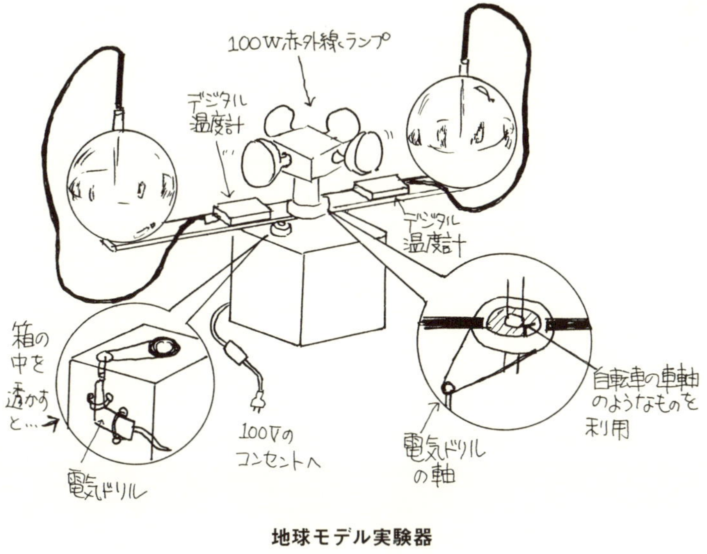

地球モデル実験器

に、自転車の車輪のように、回転部分を取り付けました。このように実験をするための考え方は変わってはいませんが、より実験のしやすいものへと作り変える工夫は大切です。

海の水位が上昇し、少しずつ海岸線が後退しているキリバス島。
地球温暖化によって、国全体が海の下に沈んでしまう危険にさらされています。
ここで暮らす人々は今まさに被害を受けているのです。

©Greenpeace/Dean

Acid rain
2 酸性雨

酸性雨のため、森林の木が枯れたり、湖に魚がすめなくなってきているなど、地球の生態系に大きな影響を与えています。

酸性の雨が降っている？

1950年代の終わりごろ、北ヨーロッパの国々で森林の木々が枯れたり、湖で魚がみられなくなったりしました。とくに、湖に魚がいなくなるという奇妙な出来事に人びとは不安を感じました。

最初その原因はなかなかわからなかったのですが、調査が進むにつれて、その地域に降る雨が原因であることがわかってきました。なんと、酸性の雨が降っていたのです！

現在スウェーデンでは、多くの湖が酸性になり、約4000の湖から魚がいなくなってしまっています。ドイツでは、半分以上の森林で、木々が枯れています。カナダやアメリカ東部にも影響が出ています。アメリカの自由の女神像も酸性雨の被害にあいました。また、中国や第三世界の国でも、酸性雨は大きな問題となっています。

日本では、日本海側の山林にかなりの被害がでています。

酸性ってどういうこと？

ところで、酸性というのはどういうことでしょうか？　あまり濃くない水溶液には、酸性のもの、中性のもの、アルカリ性のものがあります。酸性、アルカリ性の強さを表わすものさしとして、pH（ピーエイチ）という指標が利用されています。

pHは、０から14までの数字で示し、中性の場合、pHは７です。この数値が７より小さいほど酸性、大きいほどアルカリ性が強いわけです。

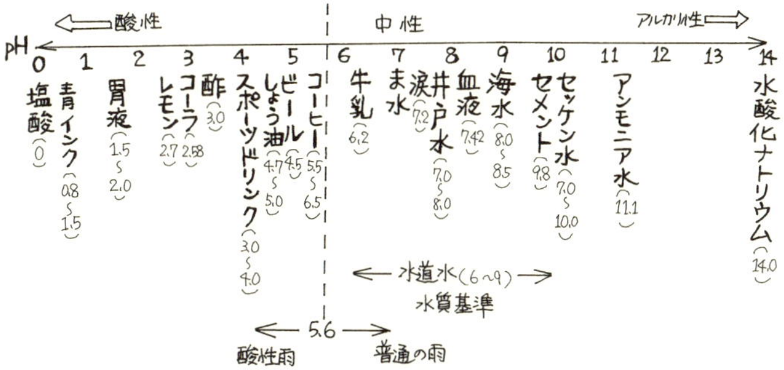

酸性、アルカリ性の強さを表わすpH

酢やレモンのようにすっぱいものは、ふつう酸性です。pHは、図のように2～3程度。セッケン水のように少し苦いものはアルカリ性です。この場合pHは、10程度です。

最近の中部ヨーロッパの酸性雨の平均pH値は4.2ないしそれ以下です。

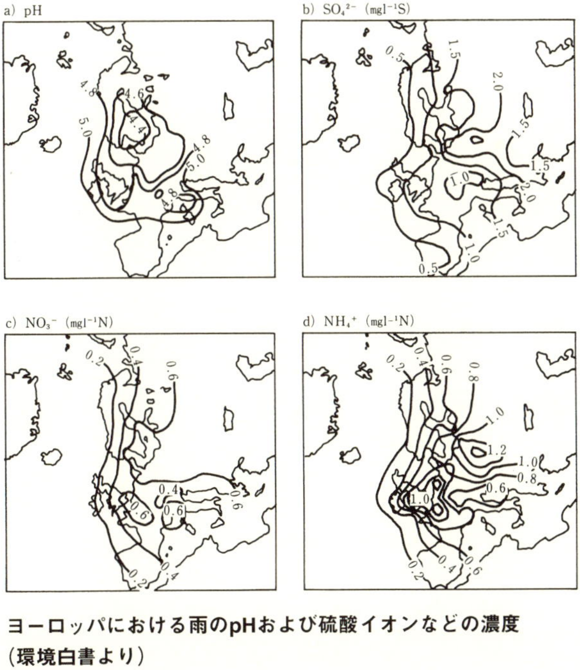

ヨーロッパにおける雨のpHおよび硫酸イオンなどの濃度（環境白書より）

どのようにして雨が酸性になるの？

さて酸性雨は、どのようにしてできるのでしょうか？

そのメカニズムは、スウェーデンの土壌学者オーデンなどの研究により徐々に解明されてきました。

雨は、ふつう上空で降り始めたときには中性であっても、地面に落ちてくるまでに空気中の二酸化炭素が溶け込みます。そのため、pHは７ではなく、5.6程度の値になります。この段階ですでに、ふつうの雨でも弱い酸性となっています。酸性雨は、pHがこれよりも小さな雨（pH5.6以下の雨）のことをいいます。

現在のところ、酸性雨は次のようにして降ると考えられています。

工場、火力発電所、自動車などから排出される窒素酸化物（NOx：ノックス）や硫黄酸化物（SOx：ソックス）が上空で大気中の日光の影響を受け、水蒸気、酸素と結びつき、化学反応を起こし、硝酸や硫酸の雨となって降るのです。

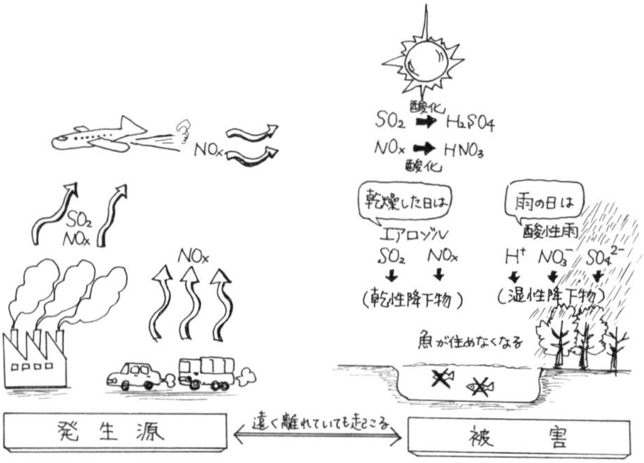

工場や自動車の排気ガスから、酸性雨ができる

酸性雨は国際問題

酸性雨は、窒素酸化物や硫黄酸化物を大量に発生させている国や地域に

だけ被害があるのではなく、その被害が国境を越えて広い地域に広がることにあります。つまり、発生源となる国と被害地となる国が違うことがあるのです。そのために、国を越えての協力体制をつくっていく必要があります。

酸性雨を防ぐ

「酸性雨」という言葉を最初に使ったのは、イギリスのロバート・アンガス・スミスです。彼は『大気と雨—化学的気象学の始まり』（1872）という本を書き、その中で初めて使いました。

イギリスの議会は1863年に「アルカリ法」という法律をつくって、酸性雨の規制を始めました。このとき、スミスが世界最初の公害監視員である初代アルカリ監視官に任命されました。スミスは『大気と雨』の中で、「大気が酸でひどく汚染されているときには、１ガロン（約4.5l）の雨水の中には２～３グレーン（１グレーンは0.065g）の酸が含まれている……これでは、植物もトタン板もひとたまりもない。石やレンガでさえボロボロになってしまう。」と述べています（石弘之、1992、pp. 31–32）。

この問題の解決のために、私たちはどんなことができるでしょうか？

酸性雨の原因になる物質が、化石燃料の消費によって空気中に出ていたのですから、化石燃料の消費をおさえるかたちでのライフスタイルの変更が考えられます。それは、どのような生活の仕方でしょうか？

電気の発電のために、火力発電所では、石油、天然ガス、石炭などの化石燃料を使っていますから、電気の利用について考える必要があります。

自動車は、エンジンでガソリンを燃やして走っています。このときに、酸性雨の原因となる物質を空気中に出しています。生活者としての省エネルギーが求められています。また一方では、燃料電池や風力発電、その他の新エネルギーの開発が待たれます。

工場では、空気中に酸性雨の原因物質を放出しないような技術の開発が必要ですし、工場で利用するエネルギーも、酸性雨の原因物質を出さないようなエネルギーに替えていく必要があります。

酸性・アルカリ性の楽しい実験

リトマス試験紙のほかにも、酸性、アルカリ性で色がいろいろと変わるものがあります。

ある液体に、別の液体を混ぜると色がぱっと変わる実験は楽しいですね。

紫キャベツをきざみ、これをポリエチレン袋に入れ塩もみすると、紫色の汁が出てきます。この液の色は、紫キャベツの色と同じ色です。これを500mlのペットボトルに入れて、水道水でうすめた液体を使って、いろいろな色比べをしてみましょう。

紫キャベツは、酸性では赤みをまし、アルカリ性では青緑色に変わります。

実験1

天然の水の味をみてみよう

天然の水を、卵パックのトレーに入れ、それに紫キャベツを加えてみましょう。

何色に変わるでしょうか？　天然の水は酸性でしょうか、アルカリ性でしょうか？

天然の水は、ほぼ中性ですね。色もほぼもとの色のままです。

ここで天然の水を飲んでみて、その味を覚えておきましょう。

実験2

炭酸水の味をみてみよう

炭酸水を、卵パックのトレーに入れ、それに紫キャベツを加えてみましょう。

何色に変わるでしょうか？

炭酸水は、やや酸性ですね。もとの色よりもやや赤みを増してみえます。

炭酸水も飲んでみて、その味を覚えておきましょう。天然の水と比べて、味はどのように異なるでしょうか。天然の水よりもすっぱいですね。

このすっぱさが、酸性のものの特徴のひとつです。

実験3

天然の水に二酸化炭素を溶かしてみよう

天然の水のペットボトルに水を約1/3程度入れ、その後二酸化炭素を入れペットボトルの栓をします。ペットボトルを勢いよく振ると、ペットボトル内の二酸化炭素が水に溶け、ペットボトルが凹みます。二酸化炭素の濃度に応じて、ペットボトルの凹み具合が変わります。もちろん、無限にたくさん溶けるわけではなく限界がありますが、それまでは、二酸化炭素が多く溶けるほどペットボトルの凹みは大きくなります。

さて、二酸化炭素を加えた天然の水を卵パックのトレーに入れ、これに紫キャベツの液を加えてみましょう。やや赤味をました状態になります。このことにより、二酸化炭素が溶けると、酸性の溶液になったことがわかります。実は炭酸水とは、まさに二酸化炭素が溶けた水溶液のことだったのです。この溶液も炭酸水のようにすっぱい味がします。

二酸化炭素は、水に溶けるので当然雨水にも溶けています。したがって、空気がきれいなところで降る雨の場合でも、空気中の二酸化炭素が溶け込んでいて、その結果、pHは5.6ぐらいになっています。

実験4

レモン汁の色をみてみよう

レモンの汁は、とてもすっぱいですが、酸性の度合いも強いのでしょうか?

紫キャベツの液を加えてみましょう。色鮮やかな赤い色に変色します。このことから、レモン汁は、かなり強い酸性だったのです。

実験5

セッケン水の色をみてみよう

身近にあるもののうち、アルカリ性の代表的なものはセッケンです。

濃いセッケン水か、セッケン粉を卵パックのトレーに移して、これに紫キャベツの液を加えてみましょう。セッケン水の濃さにもよりますが、青緑色に変化します。

セッケン水は、飲まないで下さい。

中性洗剤や中性の洗顔剤では、色の変化がみられず、同じ洗剤と思っても、違うものであることを確認できます。

紫キャベツのほかにも、紅イモのフレークを溶かしたものやハーブ類などを使っても楽しい色の変化をみることができます。

チェコスロバキア西北部の森林被害。
酸性雨の影響で森の木がたくさん枯れてしまいました。
ここは「黒い三角地帯」と呼ばれ、
ヨーロッパ最大の酸性雨の被害が広がる地域です。

Air pollution
3 大気汚染

**大気汚染の原因となっている気体について調べてみましょう。
大気汚染の原因となる主な気体は、窒素酸化物や硫黄酸化物などです。これらを主に発生させているのは、工場や自動車です。私たちが健康に生きていくのには、きれいな空気を守る必要があります。私たちのまわりのいろいろな気体について調べてみましょう。**

大気汚染の原因となる気体は？

気体というと、みなさんはどんな気体を知っていますか？　たとえば、酸素、二酸化炭素、窒素、メタンなどが有名です。人間が生きていくためには、酸素を吸って、二酸化炭素をはいています。動物はみなそうして生きています。

空気中には、約21%の酸素と、約79%の窒素があります。二酸化炭素は、0.04%程度あります。

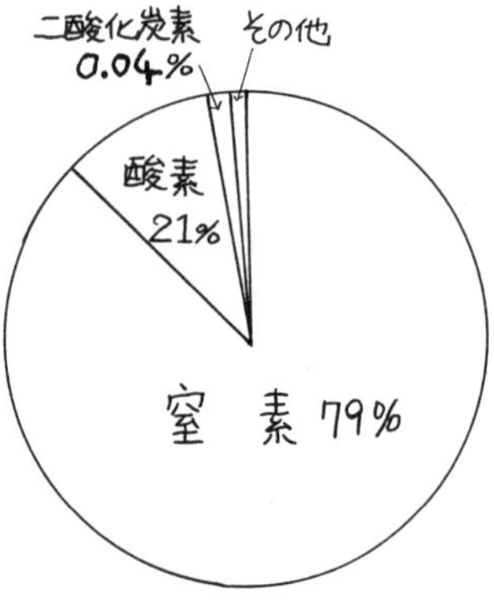

空気の成分

身近な物を燃やすと、二酸化炭素が発生するといわれています。実は、二酸化炭素が発生するためには、燃える物に必ず炭素が含まれている必要があります。つまり、この場合、物が燃えるというのは、炭素に酸素が化合し、その結果、二酸化炭素が発生することといえます。このとき、水なども発生します。

では、燃やす物に硫黄や窒素などが含まれているとどうなるのでしょうか？

硫黄が含まれている場合には、硫黄に酸素が化合して硫黄酸化物（SOx：ソックス）が発生します。窒素が含まれている場合には、窒素に酸素が化合して窒素酸化物（NOx：ノックス）が発生します。これらのソックス、ノックスは、大気汚染という公害の原因物質であるというばかりでなく、酸性雨の原因物質でもあります。これら以外にも、物を燃やすと、いろいろな汚染物質がでてきます。たとえば、塩素を含んだプラスティックを燃やすとダイオキシンが発生することはよく知られています。

気体の濃度を測ってみましょう！

それでは、いろいろな気体の濃度を測ってみましょう！

気体採取機の使い方

まず最初に、気体採取器を準備します。これは、小学校の教科書にも出てくるポピュラーな測定器です。インターネットなどでも購入できます。

気体採取器は、注射器のような形をしています。気体採取器では、注射器の注射針の代わりに、ガス検知管を用います。

ガス検知管は、測定の前には、管の中に気体が入ってこないように管の両側を閉じてあります。ですから、使用の直前に、管の両側の閉じてあるところを割って、管に気体が流れるようにします。

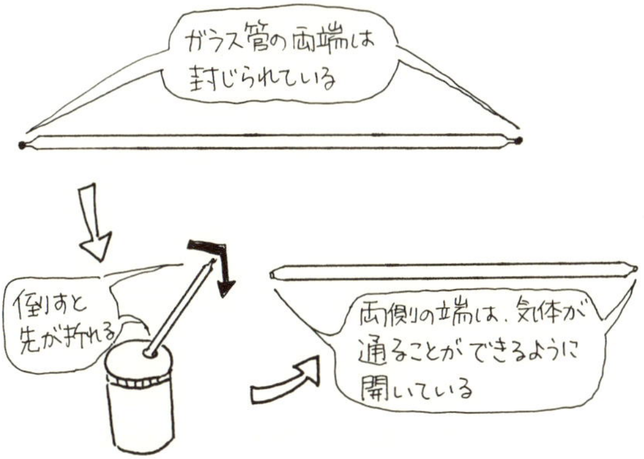

そして、両端を開けた管を本体に差し込みセットします。

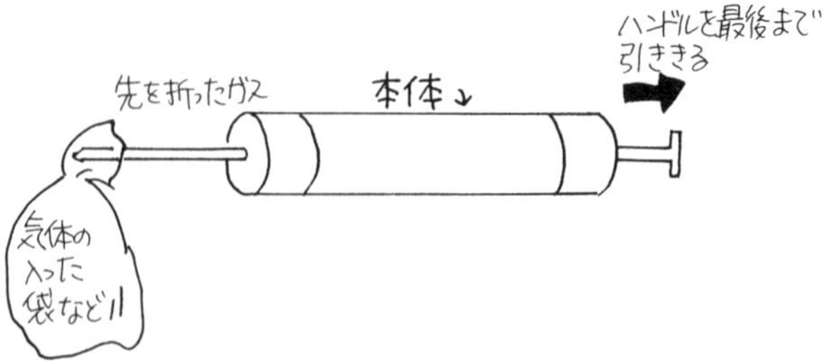

ハンドルをいっぱいに引くと、検知管の内部に測定したかった気体が流れ込みます。約１分程度待って、検知管の目盛りを利用して濃度を読み取ります。

実験１

呼吸による二酸化炭素の増加

最初に、呼吸をする前の空気中の酸素の濃度を酸素用の検知管を用いて測定しましょう。21％だということが確認できます。

人が呼吸をすると、21％あった酸素のうち、どのくらいの酸素を使い、二酸化炭素を出しているのでしょうか？

同じく、二酸化炭素用の検知管を用いて、呼吸をおこなう前の二酸化炭素の濃度を調べておきましょう。約350ppmであることがわかります。

さて、息を吸ってから、ポリ袋の中に息をはいてみましょう。これで、１回分の呼吸によって出された空気をためることができます。

では、酸素用、二酸化炭素用の検知管を用いて、酸素の濃度、二酸化炭素の濃度を調べてみましょう。どうでしたか？

実験結果

酸素の濃度	約 18％
二酸化炭素の濃度	約 3％

だいたい、同じ程度だったでしょうか？　個人によって異なりますし、運動をした後とそうでないときでも異なりますが、酸素が全部使い果たされて０％になるわけではありません。

では、一度の呼吸の結果だけではなく、３回～５回程度呼吸を繰り返した場合の濃度をみてみましょう。ただし、危険ですので、５回以上はしないで下さい。さて、結果はどうでしたか？

実験結果

５回の場合の例

酸素の濃度	約 14%
二酸化炭素の濃度	約 6%

１回のときよりも、酸素が多く消費され、より多くの二酸化炭素が吐き出されたことがことがわかります。

実験 2

燃焼による二酸化炭素の増加

呼吸の実験のときに、確かめましたが、実験前の空気の酸素濃度は約21%、二酸化炭素濃度は約0.03%でした。

さて、透明な細長い大きい目のガラスコップとロウソクを準備しましょう。このコップの底に、ロウソクを立てます。ロウソクに火をつけて、ガラスコップにふたをします。やがてロウソクの火が消えます。

火が消えてから、ガラスコップのふたを少しずらし、そのすき間から検知管の先をガラスコップの底の方にまで入れ、気体採取器のハンドルをいっぱいに引き、ガラスコップ内の酸素濃度と二酸化炭素濃度をそれぞれ測定します。

どうなりましたか？

実験結果

酸素の濃度	約 16%
二酸化炭素の濃度	約 5%

物が燃えなくなっても、酸素の濃度は意外と多いです。呼吸の実験結果と比べてみましょう。

なお、二酸化炭素は空気より重いことが知られています。不幸にも災害にあったとき、煙などの状況をみながらの判断が大切ですが、二酸化炭素は上述したように、下の方にたまります。このとき酸素は、その空間の比較的上方では濃度が高い可能性があることがわかります。したがって、くぼんだ場所に避難すると、その場所では二酸化炭素の濃度が高く、酸素の濃度が低い危険性があります。

実験 3

光合成を確かめる

植物は、もちろん呼吸をしています。空気中の酸素を吸って二酸化炭素を出しています。しかし、もう１つ大事な営みをおこなっています。それは、光合成です。光合成は、葉緑体をもつ緑色植物などが、空気中の二酸化炭素と根から吸い上げた水を利用して、デンプンなどを太陽からのエネルギーを利用してつくり、酸素を放出することです。

そのため、緑色植物にポリ袋をかぶせて日光に当てると、ある程度時間がたった後に測定すれば、酸素が増えていることが予想されます。

それでは、実験をしてみましょう。

最近では、ガーデニングやリビングルームに観葉植物を置いたりすることが多いのですが、この実験では、緑色植物の鉢植えのものを使います。

鉢植えの緑色植物に、ポリ袋をかぶせ、空気の出入りがないようにします。ポリ袋の一箇所に小さな穴を開け、ポリ袋の中に息を吹き込み、袋の中の酸素濃度を低くしておきます。このとき、検知管を用いて酸素濃度の低下と、二酸化炭素濃度の増加を確認しておきます。

次に、この鉢植えを日光に当てて、光合成をさせます。その後、酸素濃度と二酸化炭素濃度が、どのように変化したかを調べましょう。

実験結果

〈実験前〉

酸素の濃度	約18%
二酸化炭素の濃度	約3%

〈1時間後〉

酸素の濃度	約20%
二酸化炭素の濃度	約1%

〈2時間後〉

酸素の濃度	約20.5%
二酸化炭素の濃度	約0.5%

このように時間とともに二酸化炭素濃度が低下し、酸素濃度が増加することがわかります。

酸性雨を生みだす気体

酸性雨の実験でも書きましたが、ふつう雨は、地上に落ちてくるまでの間に、空気中の二酸化炭素が溶け込むたaめ、pHが5.6程度の酸性となって降ります。これよりも酸性が強い雨のことを酸性雨といいます。なぜ酸性が強くなるのかというと、硫黄酸化物《ソックス》や窒素酸化物《ノックス》などの酸性物質が溶け込むからです。

これらは大気汚染物質として、大気中への放出量が減るように技術開発がされてきました。その結果、ソックスは排気ガスからかなり取り除くことができるようになりました。しかし、ノックスの方は、まだまだ取り除くことが難しいとされています。

それは、空気の約8割が窒素であり、空気中で物を燃やす、すなわち高温化させると、窒素と酸素が結びついて、どうしてもノックスが発生するからです。酸性雨対策としてこれからは、大気中に放出するノックスの量を減らす技術の開発も待たれます。

調理器具や暖房器具からもNOxが出る？

窒素酸化物NOxは、熱にともなって発生します。高温になればなるほどたくさん発生します。炎の出ているガスコンロからはもちろん、ロウソクやアルコールランプからでさえも発生します。家庭でよく使う調理器具や暖房器具などの多くからも、ノックスが発生します。アウトドアー派といって、自然に親しむことを目的にキャンプファイアーやバーベキュー・パーティをよく行いますが、これらの活動からもノックスが発生します。日常生活を見なおして、ノックスの大気中への放出を減らすために、どのようにしなくてはいけないのか考えてみましょう。

それでは実験をしてみましょう。窒素酸化物を測定する検知管を準備しましょう。ガスファンヒーターなどの前で、気体採取器を用いて測定してみましょう。どうでしたか？かなりクリーンな暖房器具を用いていても、熱源が高温化する場合には、どうしてもノックスが発生し部屋の空気を汚すことになり、喉などへの影響は否めません。部屋の換気は、酸素が不足し酸欠になるといけないから大切とされてきましたが、ノックスへの対策としても大切です。

都市の大気汚染の影響で、立ち枯れていく木々。

写真提供・共同通信社

Aerosol

4 エアロゾルによる地球温暖化・冷却化

ディーゼル車から出される煙や、工場などの煙突から出される硫酸や硝酸の小さな粒子（エアロゾル）で、地球は温暖化するのでしょうか、冷却化するのでしょうか？

エアロゾルってなに？

空気中には、小さな微粒子がただよっています。この微粒子がエアロゾルと呼ばれるものです。最近では、ディーゼル車から放出される浮遊粒子状物質（SPM）は、気管支ぜんそくの原因物質として注目を集めています。我が国では大きさが10μm（マイクロメートル、100分の1mm）以下のSPMについて環境基準を決めています。特に2.5μm以下のPM2.5は、呼吸時に気管を通り抜けて気管支や肺にまで入り込み、肺ガンなどを引き起こす変異原性ではないかと疑われています。

エアロゾルには、自然に発生するものと、人間活動にともなって発生するものがあります。

火山活動では、いろいろなエアロゾル粒子が空気中にまかれます。砂漠などからは、細かい砂がエアロゾルとして空気中に舞い上がります。また海辺では、海水の細かい液滴が空気中に上がり、水分が蒸発した後には、塩化物の結晶などが空気中をただようことになります。このように、自然現象によってたえず、空気中にエアロゾルが送り込まれていることがわかります。

一方、ディーゼル車や工場などの煙突からも、たえずエアロゾルが空気中に放出されています。農業で土を耕したり、土木開発によっても、エアロゾルがつくられています。

熱を吸収する色、熱を吸収しにくい色

白い物は光を反射し、黒い物は光を吸収していることはよく知られています。エアロゾルも、白いと光を反射し、黒いと光を吸収します。エアロゾルが太陽光を反射すると冷却化し、吸収すると温暖化することになるのです。

海洋性のエアロゾルは、塩化物の結晶などで白色系です。工場の煙突などから放出されるのは、硫酸塩や硝酸塩ですが、これらも白色系です。

ディーゼル車などから放出されるものは、ススなどと同様に炭素を含むため、黒色系となります。

デモンストレーション実験器を組み立てよう

準備するもの

モーター（電気ドリルなどを利用）1個、電圧コントローラー1台（回転コントローラー付きドリルを使う場合は不要）、カーテンレール80cm程度、半径20cm程度の透明球2個（透明半球を購入し、2個を合わせて透明球をつくる）、ハロゲンランプ4個、ランプ用ソケット4個、スイッチ2個、電線5m程度、電球を支える支持スタンド（アングル90cm 4本、30cm 2本で組み上げる。マイクスタンドなどを利用してもよい）、デジタル温度計2台。

白いチョークの粉、細かいスス（ディーゼル車の排気ガスに含まれるススでもよい）

準備

エアロゾルによる地球温暖化・冷却化デモンストレーション実験器を組み立てます。

1 90cmのアングルを4本組み合わせて、それに30cmのアングルを取り付けて実験器の枠組みを作ります。

2 モーター（電気ドリル）を枠組みの底のアングルに取り付け、カーテンレールをモーターの軸に中央を合わせて取り付けます。

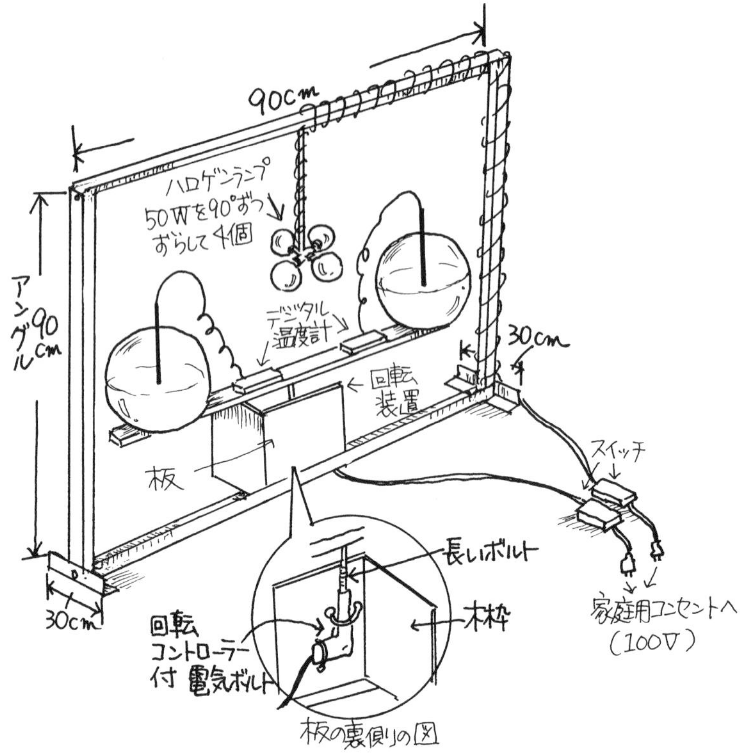

エアロゾルによる地球温暖化・冷却化デモンストレーション実験器

3カーテンレールの両端に透明球を取り付けます（強力ボンドでもいいですし、ネジ止めでもいいです）。この透明球を地球モデルと呼びます。
4透明球に小さい穴を開け、そこにデジタル温度計のセンサーを差し込みます。温度計はカーテンレールに固定します。
5モーターの軸の真上に、ハロゲンランプ4個を四方を向くように取り付けた光源装置を置きます。

実験

1片方の透明球は、そのまま空気が入った状態にしておきます。
2他方の透明球に、エアロゾル（白色か、黒色のどちらか）を入れます。
3中央の光源のハロゲンを点灯し、モーターのスイッチを入れます。
4 6分間、地球モデルを回転させ、それぞれの地球モデル内部の温度を30

秒ごとに測定します。
5 普通の空気の地球モデルと、エアロゾル粒子を入れた地球モデルの温度を比較し、冷却化したか温暖化したかを調べます。
＊エアロゾル粒子を入れた方の透明球は、中性洗剤を使って洗えば、また再利用できます。

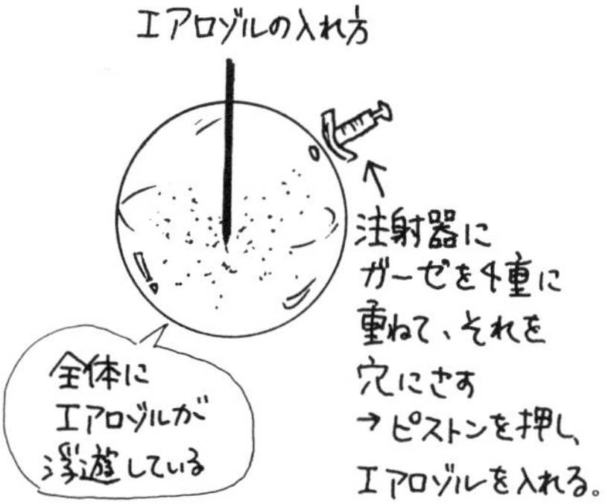
エアロゾルの入れ方
注射器にガーゼを4重に重ねて、それを穴にさす
→ピストンを押し、エアロゾルを入れる。
全体にエアロゾルが浮遊している

実験1

白いチョークの粉を用いた場合

実験器の２つの地球モデルのうち、一方はふつうの空気のまま、もう一方には、ふつうの空気に白色系のエアロゾルとしてチョークの粉を浮かせました。

温度を測定した結果を表に示します。その日の実験室の気温は26.7℃でした。また、エアロゾルの濃度は46.6μg/m^3（≦10μm）でした。

実験結果　　室温26.7℃

硫酸カルシウムを入れた地球モデルとふつうの空気の地球モデルの温度の時間的変化

時間（秒）	0	30	60	90	120	150	180	210	240	270	300	330	360
空気のみ	27.1	27.5	27.8	28.1	28.3	28.4	28.5	28.6	28.7	28.8	28.8	28.9	28.9
硫酸カルシウム	27.1	27.3	27.5	27.7	27.8	27.9	28.0	28.1	28.2	28.3	28.3	28.4	28.4

室温 26.7℃

グラフにすると、

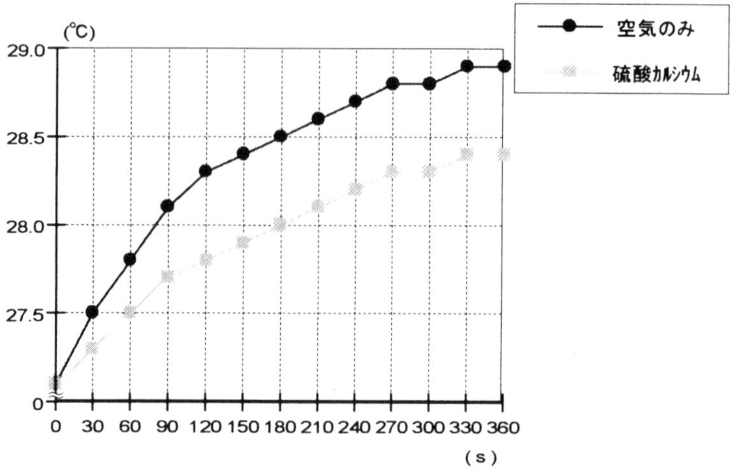

実験2

黒色炭素を用いた場合

本実験器の2つの地球モデルのうち、一方はふつうの空気のままとし、もう一方には、ふつうの空気に黒色系のエアロゾルとして黒色炭素を浮遊させました。

温度を測定した結果を表に示します。その日の実験室の気温は27.0℃でした。また、エアロゾルの濃度は565 μg/m³（≦10 μm）でした。

実験結果　室温27.0℃

黒色炭素を浮遊させた状態の地球モデルと普通の空気の状態の地球モデルの温度の時間的変化

時間（秒）	0	30	60	90	120	150	180	210	240	270	300	330	360
黒色炭素	27.5	28.3	28.8	29.3	29.8	30.1	30.3	30.5	30.7	30.8	30.9	30.9	31.0
空気のみ	27.5	28.1	28.4	28.7	28.9	29.1	29.3	29.4	29.5	29.6	29.6	29.6	29.7

室温 27.0℃

グラフにすると、

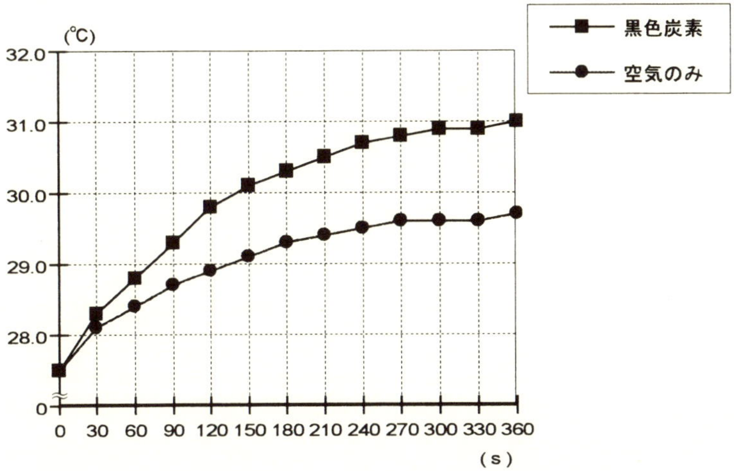
黒色炭素
空気のみ
(℃)
32.0
31.0
30.0
29.0
28.0
0
0 30 60 90 120 150 180 210 240 270 300 330 360
(s)

Ozone depletion by CFCs & Ultraviolet ray

5 オゾン層破壊と紫外線

害のない物質と考えられていたフロン。しかし、20世紀後半になってフロンがオゾン層を破壊していることがわかってきました。
国際的な取り決めにより、フロンの大気中への放出を減らすことができましたが、フロンを害にならない状態にまでもっていくのは、まだまだ時間が必要です。

オゾン層のホールが出現!?

フロン（CFC）は、塩素を含んだ化合物の日本における通称です。正式にはクロロフルオロカーボン（Chlorofluoro carbons）といいます。スプレー噴霧剤、エアコンや冷蔵庫の冷却剤、潤滑剤、電子部品の洗浄剤、コンビニやファーストフード産業などで使用される断熱パッケージ材の発泡剤として、日常さまざまな分野で使用されています。

フロンは化学的に安定しているので、ほかの物質と化学反応を起こして有害物質になる可能性は高くはありません。そのため、光化学スモッグや気管支ぜんそくなどの大気汚染の原因とは無縁で、人体にとって無害であると信じられてきました。

しかし1960年代以降、毎年南極大陸上空で、フロンが原因と考えられるオゾン層破壊が生じていることがわかってきました。

オゾンの濃度が極端に低くなった領域のことをオゾンホールと呼びます。人工衛星からの観測によっても、極地のオゾン層にオゾンホールができていることが確認されています。1969年から1988年の20年間に、北緯30～64度の冬季の北半球では、オゾン全量が3～5.5%減少したといわれています。

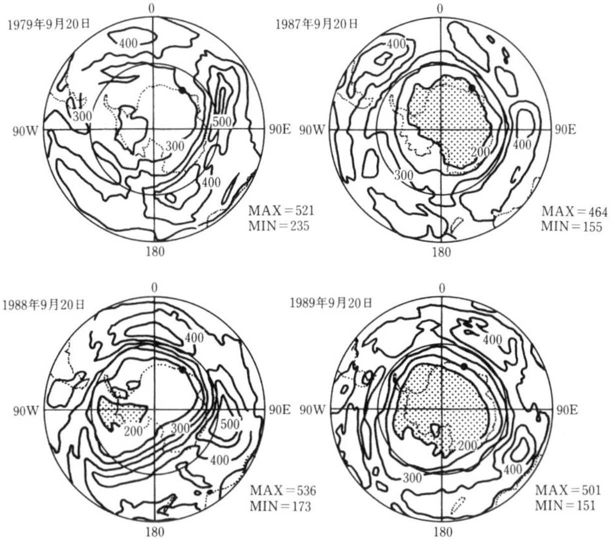

（単位：ドブソン単位）
（注）●は南極昭和基地
緯度円は外側から30S、60S

南極のオゾンホール（環境白書より）

オゾン層がなくなると……

オゾン層は、私たち人類にとってだけ大切なのではなく、地球上のすべての生物にとって重要です。

それは「原始生命の誕生」にかかわる問題とされています。アミノ酸、ヌクレオチド、多糖類などが適切な濃度で混じった「原始の海」に、紫外線や放射線のエネルギーが作用することにより生命が誕生したといわれています。そしてその後、生命は突然変異を繰り返してきたと考えられています。

しかし、いったん種として固定されると、紫外線はDNAに傷をつけるなど生物にとって有害なものとなりました。光合成をおこなう生物が大量に酸素を放出することによって、やがて成層圏にオゾン層が形成されました。このオゾン層が紫外線の保護スクリーンとして作用することによって、地球上の生命が守られてきました。

ところが、私たちがつくり出したフロンによって、オゾン層が破壊され始めたのです。フロンは大気の上層の部分で分解され塩素を放出します。これがオゾンと反応してオゾン層を破壊し、それにより地上に紫外線が届きやすくなってしまいます。波長2800～3200Åの紫外線UV-B(Ultraviolet rays) は、皮膚ガンの発生率を増加させたり、白内障の原因となる可能性が高いとされています。今後オゾン層の減少が原因となるガンの死亡者は、かなり増加すると予想されています。南アメリカにおいては、家畜の間にも白内障が増え始めているという報告もされています。

またオゾン層は、地球生命圏を守るためのもう１つ重要な機能をもっています。それは、成層圏にあるオゾン層がもっている特別な性質によって、水の惑星地球を守ってきたことです。

太陽光のうちの50%は地表面まで届きます。地表からは大気へ向かって熱が放射されます。そのため、地表から高度10数kmの対流圏へ向けては高度が高くなるにつれて、気温は徐々に低下します。しかし対流圏の上に位置する成層圏では、オゾン層が太陽光のうちの紫外線を吸収してそこで熱を放射するため、成層圏では逆に高度とともに大気の温度は次第に上昇し、温度の大逆転層が出現します。このため、雲の頭の部分は、成層圏に入りません。真夏の入道雲も、対流圏界面で頭を抑えられて、そこから上へは成長せず、横へ広がりかなとこ雲になるわけです。

もし海水が雲として成層圏上層にまで運ばれた場合、水はそこで太陽からの紫外線によって酸素と水素に分解されます。軽い水素は地球重力圏から簡単に飛び出してしまい、水素は二度と地球生命圏内に戻りません。水素が無くなってしまうわけですから、酸素と再び

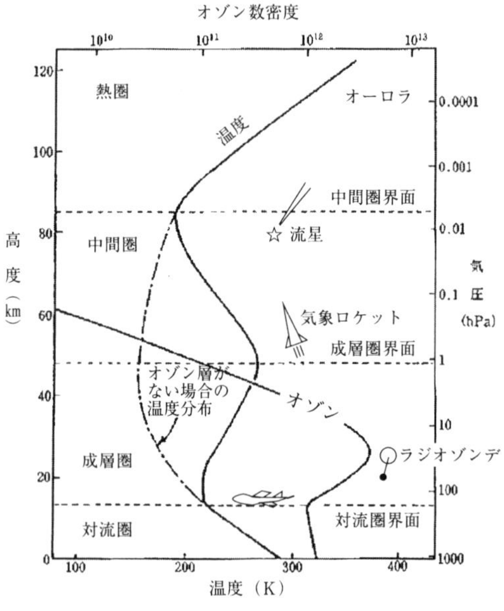

気温とオゾンの分布
(富永、巻出1984年『科学』Vol. 54を参考に作成)

結合して水に戻ることができなくなります。つまり、雨として地上に戻って来ることが無くなるわけです。そのようなことが起こった場合には、最終的には海がなくなってしまうと考えられています。この意味でもオゾン層は、生命をはぐくむ地球にとってなくてはならない大切なものであることがわかります。

私たちは、早急に大気中へのフロンの放出を減らし、早い時期にフロンの使用を完全にやめ、代替フロンへの切り替えや脱フロン化を行うことが必要となります。代替フロンのなかには、人体にとって有害なものもあるため、より安全性の高いものの開発が急がれます。

1970年代には、いくつかの国でフロン使用が一部禁止となり、国際的なフロン対策が取り決められるようになりました。また、各家庭でフロン含有製品を購入しないなどの草の根的取り組みも効果的です。

フロンガスによるオゾン層破壊から、人類は何を教訓として学べばよいでしょうか。

フロンガスは、無害のガスとして、工業用ガスの代わりに発明されました。しかし、じつは私たち人類の予想を超えたところで、オゾン層の破壊という大きな落とし穴をつくり、マイナスの効果をもたらしました。まさに技術の限界やアセスメント（環境への影響の予測）の困難さを明らかにした例といえましょう。人類はこの事例を教訓として、新技術の開発の際には、アセスメントに少しでも長い目の期間をとるなど、生かしていくことが大切です。

日焼け止めクリームで実験！

オゾン層破壊が進むと、地上に降り注ぐ紫外線量が増加し、皮膚ガンや白内障の発生率の増加が懸念されています。

現在でも、夏休みの海水浴や山間でのスポーツをすると必ずといっていいほどきつい日焼けをしてしまい、お風呂に皮膚が痛くて入れない！　などという経験がありませんか。そのような行楽やスポーツをおこなうときは、必ず日焼け止めをしておく方がよいでしょう。紫外線により、日焼けをするからです。また、サングラスの着用も必要です。雪山で、紫外線のために目がやられる「雪目」になることもあるからです。

最近の日焼け止めは、SPFの数値がとても高い商品も出ていて、年々その数値は増加しています。さて、その効果を実験で確かめてみましょう。

そこで、紫外線感知シートや、紫外線で色が変わるサンバイザーを利用して、日焼け止めの効果を実験してみましょう。

SPFの値がいろいろな日焼け止め商品を準備し、サンバイザーの上に塗り分けます。そして、日光に15分ほど当ててから、部屋の中で日焼け止めを取り除きます。その後、それぞれの日焼け止めが塗ってあった場所の色の変化を比較してみましょう。いろいろな日焼け止め商品の効果の比較ができます。

紫外線の楽しい実験！

紫外線については、いろいろな楽しい実験できます。ここでは、紫外線について学ぶための手軽にできる実験を紹介します。電気店などでは、紫外線を発するランプとして、学習机用の蛍光スタンドで利用できる長さ50cmの「殺菌灯」や「ブラックライト」が市販されています。

ここからの実験では、殺菌灯は危険なので使わないで下さい。今回は安全なブラックライトを用います。しかし、ブラックライトも長い時間は使わないようにしましょう。

実験1

蛍光ペンで書いた文字や絵に蛍光を当ててみよう

白紙に、蛍光ペンでいろいろな文字や絵を描き、それから部屋を暗くして、ブラックライトを当ててみましょう。きれいな蛍光を発して光ります。

実験2

どんなものが蛍光で光るのかな？

ブラックライトで光るものには、歯磨き粉、絹糸、化学繊維などがありますが、みんなでいろいろ探してみましょう。

実験 3

合成洗剤の中には、蛍光増白剤が入っているものもある

部屋を暗くして、合成洗剤のうち蛍光増白剤入りのものにブラックライトを当ててみましょう。合成洗剤に含まれる蛍光増白剤が蛍光を発して光ります。

蛍光増白剤は、発ガン性があるのではと疑われています。また自然界に出されると、自然には分解せず生態系に残るという問題点も指摘されています。そのため、皮肉なことに、次の実験 4 のようなこともできます。

実験 4

服が光る

みんなの服は合成洗剤で洗っているのかな？　部屋を暗くして、おたがいに着ている服にブラックライトを当ててみましょう。蛍光増白剤が入った合成洗剤を使って洗濯していると、衣服についた蛍光増白剤が蛍光を発して光ります。

「えっ。粉石鹸で洗濯しているのに、私の服は光るのはどうして？」

じつは真っ白な木綿の衣服やレーヨンの衣服などは、生地にする際に、蛍光剤で染めているので、紫外線を当てると蛍光を発して光ります。蛍光を発するから、粉石鹸で洗濯していないと決めつけるのはよくないんですね。

一方、合成洗剤で洗濯をした排水には蛍光増白剤が含まれます。この排水が、川などに流されると、川の水に含まれる蛍光増白剤のため、紫外線を当てると光ります。ブラックライトを使って、川や池の水の汚れを調べることもできます。

実験 5

蛍光発色シートや無色蛍光ペンで遊んでみましょう

白色光のもとでは、白色にしか見えない蛍光発色シートにブラックライトを当ててみましょう。赤（R）色や緑（G）色や青（B）色などの蛍光を発色するシートがあります。これはホームセンターや理科の教材店で市販されています。

蛍光発色シートを用いて、環境をイメージしたデコレーションを作ってみましょう。

みんなで作品を作って発表してみましょう。これは科学と美術の領域にまたがる作品です。サイエンス・アートの世界が広がります。

また無色蛍光ペンで、葉書に「あけましておめでとうございます」「I Love You」「Happy Birthday」など書いて、これらにブラックライトを当てると、あぶり出しのように絵や文字がうかび上がります。

実験 6

ハンディブラックライト暗箱

下敷きや定規をティッシュペーパーでこすると、静電気がたまります。部屋を暗くして、これをブラックライト管の電極に接触させると、一瞬ピカッと点灯します。圧電素子を利用すると、もっと簡単にブラックライト管を光らせることができます。

この原理を利用して、図に示したような「ハンディブラックライト暗箱」を作ってみましょう。ハンディブラックライト暗箱は、運動場や教室など明るい場所でも、蛍光物質を調べることができます。圧電素子を右左交互に押すと、ブラックライト管の発光回数を増やすことができます。

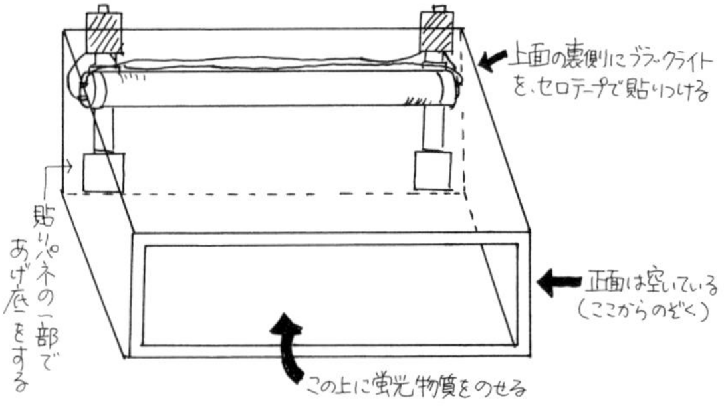

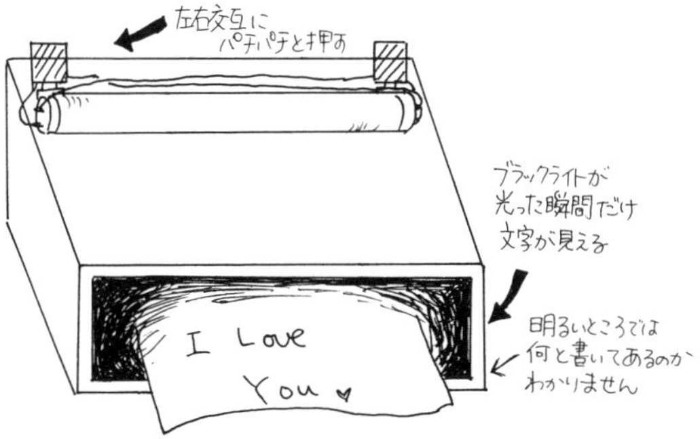

実験７

殺菌灯も点灯してみよう

＊危険！　指導者といっしょに実験しましょう

箔検電器を用意しましょう。箔検電器の頭に、アルミ箔を貼ります。そして、ガラス棒などをこすり、これを利用して、箔検電器に電気をためます。このとき、箔検電器にたまる電気はマイナスの電気です。

さあ、実験開始です。箔検電器にマイナス電気をためてからブラックライトをあてても、箔は閉じませんが、殺菌灯を当てると、箔が閉じていきます。箔検電器にためられていたマイナスの電気（電子といいます）がどんどん逃げていったのです。

この実験を光電効果の実験といいます。アインシュタインはこの実験の理論でノーベル賞をもらったのです。

ブラックライトでは、光電効果が生じないのに、殺菌灯では生じたことから、同じ紫外線でも、ブラックライトよりも殺菌灯からでる紫外線の方がエネルギーが大きいことがわかります。日光に当てても箔検電器は閉じません。殺菌灯のエネルギーがとても大きいことがわかります。このことから、殺菌灯は危険なので、短時間しか使ってはいけないことが確認できます。

このような紫外線が、オゾン層の破壊によって地上に降り注ぐようになります。私たちは、フロンガスの大気中への放出を完全に中止することにより、オゾン層の破壊を食い止めなければなりません。

ペットボトル箔《はく》検電器を作ってみよう

実験7で使った箔検電器をペットボトルを使って作ってみましょう。

準備するもの

アルミ箔、食品トレー、ペットボトル（2lでも500mlでもどれでもいいです)、ゼムクリップ2個、両面テープ、ホッチキス、千枚通し、塩ビパイプ、アクリルパイプ、ストロー

準備

1 アルミ箔を、幅が8mm～1cmに切ります。このとき箔は、くしゃくしゃにならないようにしっかりのばしておいてください。

2 このアルミ箔を、半分に折って、ゼムクリップにはさみます。

3 食品トレーを、約6cm×4cm程度の大きさに切ります。円形や四角形、ハート型や好きなキャラクターの形に切ります。

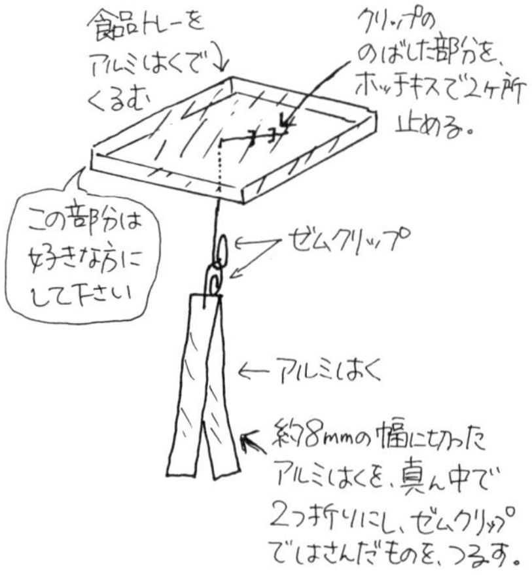

4 ペットボトルのキャップの上側に両面テープをはって、その上に切り抜いた食品トレーをはりつけ、これをアルミ箔でくるみます。

5 ゼムクリップの1個の針金を伸ばしておきます。

6 ペットボトルのキャップに、押しピンや千枚通しなどで穴をあけ、図のようにゼムクリップののばした針金を通し、アルミ箔に沿うように曲げ、ホッチキスで止めます（これは、ゼムクリップとアルミ箔でくるんだ食品トレーとの間の電気の通りやすくするためです。

7 ゼムクリップの巻いた側に、アルミ箔をはさんだゼムクリップをひっかけてつるします。

8 これらをペットボトルに、そっと入れキャップをしめます。完成です。

実験

塩ビパイプやストローとアクリルパイプを用意します。服やティッシュでこすると、塩ビパイプやストローはマイナスの電気を持ち、アクリルパイプはプラスの電気を持ちます。

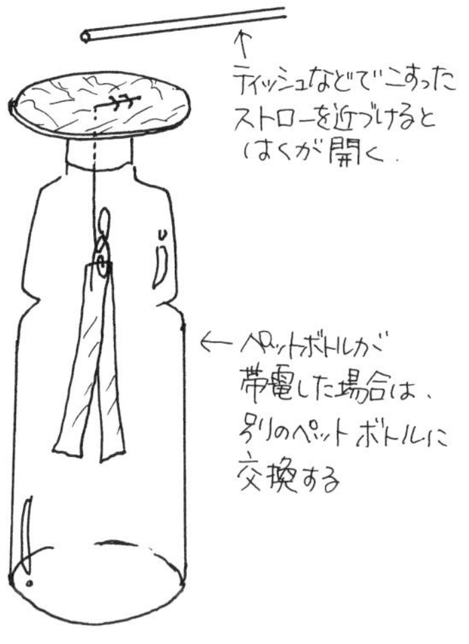
ティッシュなどでこすったストローを近づけるとはくが開く
ペットボトルが帯電した場合は、別のペットボトルに交換する

1 塩ビパイプやストローをティッシュでこすると静電気が発生します。このストローを使って自作した箔検電器に電気をたくわえます。
2 次の手順で検電状態を作ります。アルミ箔で食品トレーをくるんで作った、箔検電器の頭の部分に静電気を発生させたストローを近づけると、アルミ箔が開きます。
3 同じく頭の部分を人さし指でさわると、箔は閉じます。
4 人さし指とストローを同時に検電器から遠ざけると、検電器に何も近づけていないのに、箔が開いた状態になります。このとき、箔の開きが30°から45°ぐらいになると、次の実験がしやすいです。この状態を検電状態と呼びます。
5 もう一度、静電気をおびたストローを近づけてみると箔の開きは小さくなります。つまり、マイナスの電気を近づけると箔の開きが小さくなります。
6 静電気をおびたアクリルのパイプを近づけると、今度は箔の開きが大きくなります。つまり、プラスの電気を近づけると箔の開きが大きくなります。
7 いろいろなもので静電気を起こして、このペットボトル検電器で、発生させた静電気がプラスかマイナスかを調べて楽しんでみましょう。

実験７では、箔検電器に貯めておく電気はマイナスの電気ですので、注意しましょう。

風力発電の風車が林立する北海道苫前町は、国内最大級の風力発電を行う「風の町」です。
日本海沿いに、青い空と緑の牧草に白い風車が映える雄大な景観が観られます。

2 環境にやさしいエネルギー

写真提供・共同通信社

Electric Energy

6 電気エネルギーといろいろな発電

これからのエネルギー問題を考えると、石油、石炭などの化石燃料以外のいろいろな発電方法について考えなければなりません。ここでは、発電の原理を簡単に紹介し、後の章で、太陽電池、風力発電、燃料電池などの新エネルギーを取り上げます。

発電機、じつはモーターと同じ原理なのです！

磁場の中を電流が流れると、どのような現象が生じるでしょうか。電気ブランコというおもしろい実験があります。

U字形磁石に、図のように、四角いコイルをブランコのように置きます。このコイルに電流を流した場合、コイルのブランコはどのような動きをするでしょうか？

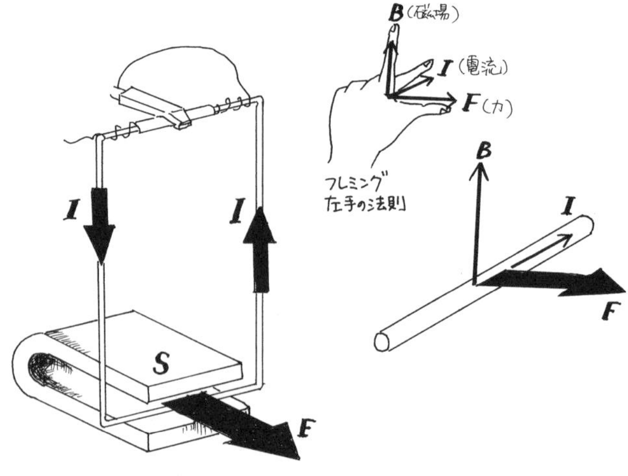

電気ブランコとフレミングの左手の法則

この結果、コイル（電気ブランコ）の動きはある法則性を示すことがわかります。これを「フレミングの左手の法則」といいます。
　これを覚えるのによく、FBIとか宇治電などといわれます。よく覚えておきましょう。
　モーターの中には、コイルがあります。このコイルが回転し続けることによってモーターの軸は回転を続けます。じつは、コイルが回転するのは、「フレミングの左手の法則」による力を受けるからなのです。
　さて、下の図をみてください。この図は、徐々に時間がたった場合のコ

コイルが時間とともに回転していく

1 ブラシからコイルに電流が流れると力を受けて回転します

2 コイルが回転して、斜めになると、コイルを回転させようとする作用は弱くなるが、そのまま回転を続けます。

3 90°回転すると、整流子とブラシの接続が一瞬切れて、電流が流れない瞬間があるが、回転の勢いでコイルは回転を続けます

4 次の瞬間にはコイルに流れる電流は**逆転**して、再び力を受けて同じ向きに回転します。

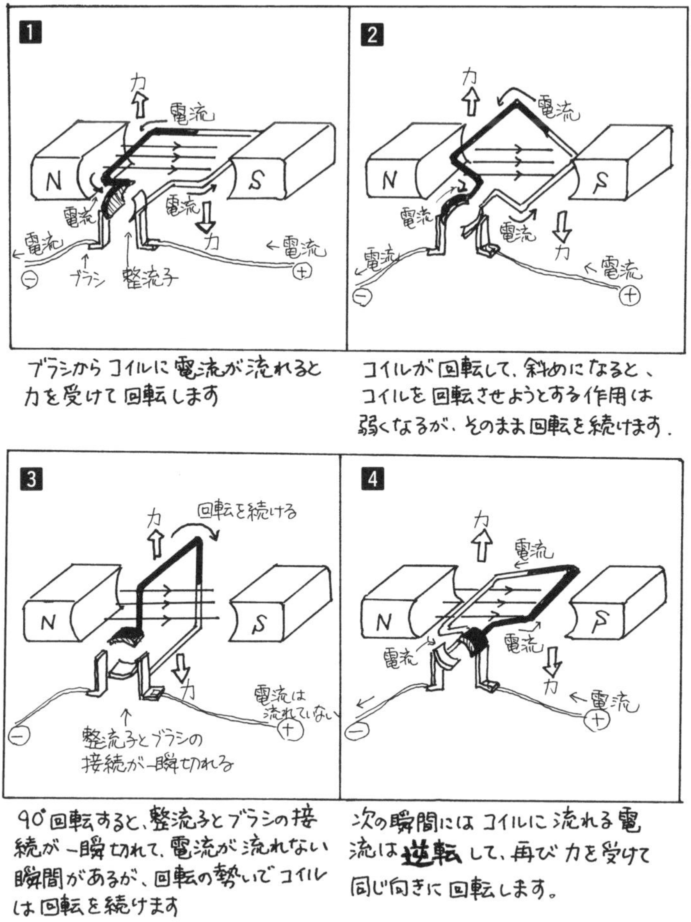

イルの位置を表わしています。このようにして、コイルは徐々に回転していきます。しかし、途中でコイルに流れる電流の向きが変わってしまいます。そうすると、コイルはいままで回っていた向きに回り続けることができません。

さてどうすれば、同じ向きにコイルを回し続けることができるでしょうか。

それは、コイルに流れ込む電流の向きを逆転しないように、図のような整流子をつけることです。整流子を利用して電流の流れる向きを調整すると、このコイルは連続して一方向に回り続けます。これがモーターです。

簡単なモーターを作ってみよう！

クリップモーターという一巻きコイルのモーターを作ってみましょう。

準備するもの

単一型乾電池１個、ゼムクリップ２個、ホルマル線、マグネット１個、紙ヤスリ、大きなプラスチック消しゴム、セロハンテープ

クリップモーターは、いろいろな作り方が実験書やインターネットでも解説されているので、それらも参考にして、自由に改良してみてください。ここでは、それらのひとつのタイプを作ってみます。

まず、コイルを作ります。ホルマル線を単一型乾電池のまわりに５周程度巻き、両端をほどけないようにくくり、図のように線を両端に出します。そして、出した線の一方を、半面だけホルマルをはがします。もう一方は、ホルマルを全面にわたってはがします。

次に、プラスチック消しゴムの上にマグネットを置いてください。ゼムクリップの端をほどいて伸ばします。この先を消しゴムに刺し、それぞれを乾電池の＋極と－極につなぎます。これに、先ほど作ったコイルをのせます。すると、コイルが回転を始めます。

モーターの場合は、このようなタイプの装置に電流を流して、外に仕事を取り出しました。では、逆にこのような装置に外からエネルギーを加えて回転させてみましょう。どのようなことが生じるでしょうか？

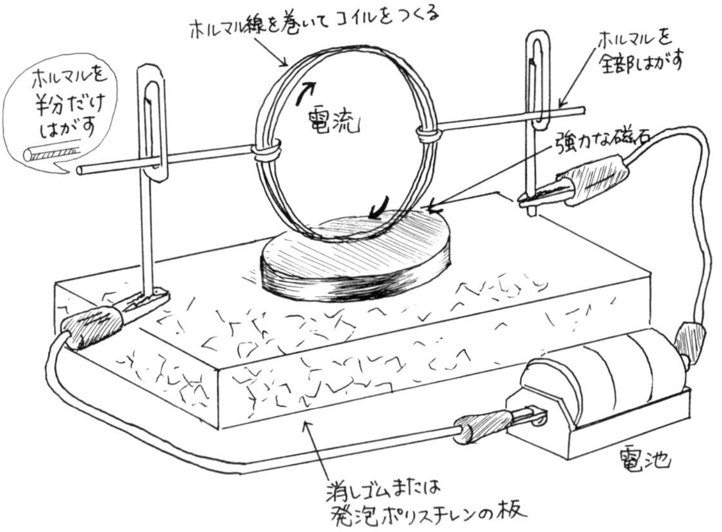

クリップモーター

発電機を作ってみよう！

太陽電池用の小型モーターの電極に、ダイオードを取り付けます（このとき，＋－に注意しましょう。逆だとダイオードは光りません。その場合は，ダイオードの＋－を反対にして取り付け直して下さい。）

モーターの軸に模型飛行機用のプロペラをつけ、このプロペラに息を吹きつけます。すると、モーターが回転しダイオードが点灯します。息を吹きつける代わりに扇風機の風を当てると、連続して点灯します。

このことから、モーターは発電機としても使えることがわかります。モーターと発電機は、逆の関係にあったのです。

では、小型模型のギアを利用して、手回し発電機を作ってみましょう。小型模型の高速増速ギアを利用し、これに小型模型モーターを取り付けます。ギアの端に、手回しができるように取手を取り付けて、この取手を回してみましょう。

豆電球やダイオード、電子メロディーなどで発電を確認できます。

手回し発電機

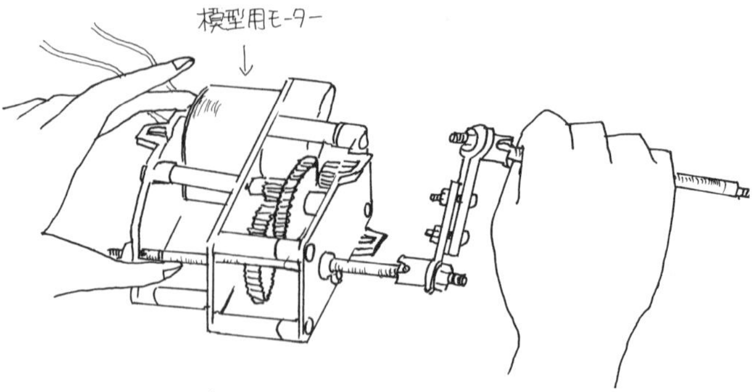

ギヤセットを正面から見た図（タミヤのギヤセット64.8：1を用いた場合）

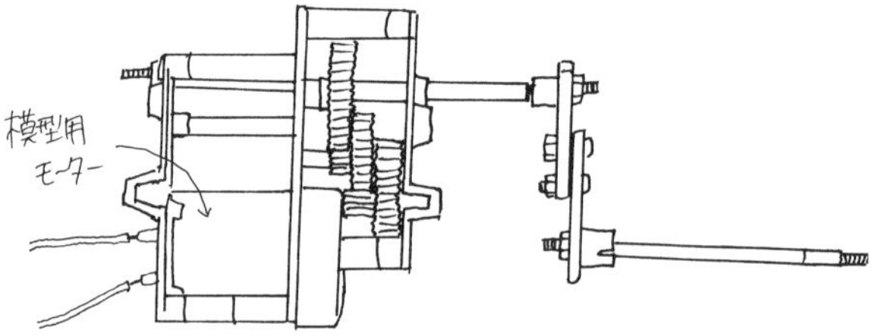

ギヤセットを底から見た図

この手回し発電機は、３台以上、直列につなぐと「燃料電池を作ろう」の実験にも使えます。

発電所ではどうやって電気をつくっているの？

発電所では、大きな発電機を回転させて電気をつくっています。

ではこの発電機は、どのような方法で回っているのでしょうか。水力発電の場合には、ダムの高いところにためた水が低いところに落ちるときの勢いで、発電機に取り付けたタービンを回転させて発電機を回しています。火力発電所では、石油などの化石燃料を燃やして、その熱で、水を沸騰させ蒸気にします。この蒸気の勢いで発電機に取り付けたタービンを回転させ、発電機を回しています。

原子力発電所のしくみ

原子力とは

原子は、原子核と電子からできています。原子核は陽子と中性子が集まってできています。原子核をつくっている陽子や中性子を合わせて核子と呼びます。

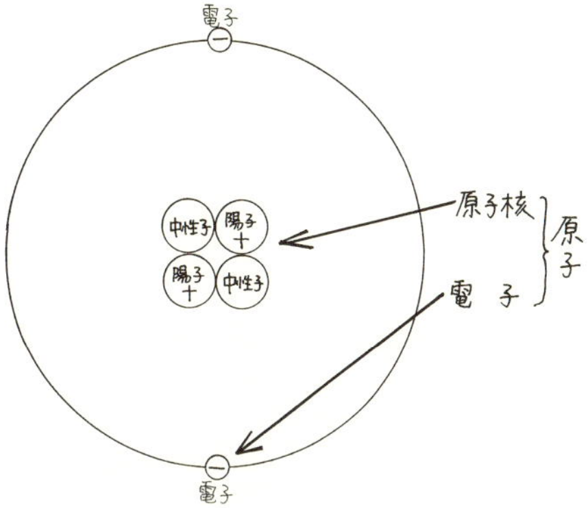

原子力とは、原子核を構成する核子を結び付けているエネルギーを、核分裂または核融合によって取り出したもの、あるいは取り出すことのできるエネルギーのことをいいます。

原子核反応によって取り出されたエネルギーは、おもに熱エネルギーなどのかたちをとります。

原子力を取り出す―核分裂連鎖反応―

1938年、オットー・ハーン（独）やフリッツ・シュトラスマン（独）らは、ウランUの原子核に中性子線を照射すると、それまでなかったバリウムBaが生じることを発見しました。リーゼ・マイトナー（オーストリア）らによってこの反応は、ウランの同位体のひとつであるウラン235の原子核が下に示した核反応式のように中性子の衝突によって分裂し、バリウムとクリプトンの同位体と3個の中性子が生じる核分裂反応であることが明らかになりました。

$^{235}_{92}U + ^{1}_{0}n \rightarrow ^{92}_{36}Kr + ^{141}_{56}Ba + 3^{1}_{0}n$

そのほかにも、以下のように分裂生成核は種々のものが存在し、その際に中性子は2個ないし3個が放出されます。

$^{235}_{92}U + ^{1}_{0}n \rightarrow ^{94}_{38}Sr + ^{140}_{54}Xe + 2^{1}_{0}n$

$^{235}_{92}U + ^{1}_{0}n \rightarrow ^{97}_{37}Rb + ^{137}_{55}Cs + 2^{1}_{0}n$

この核分裂反応によって放出される中性子のうち1個が、残りのウラン235に当たって核分裂を引き起こし続ければ、核分裂が連続的に起こり、大きなエネルギーを発生させることができると考えられました。これを「連鎖反応」といいます。

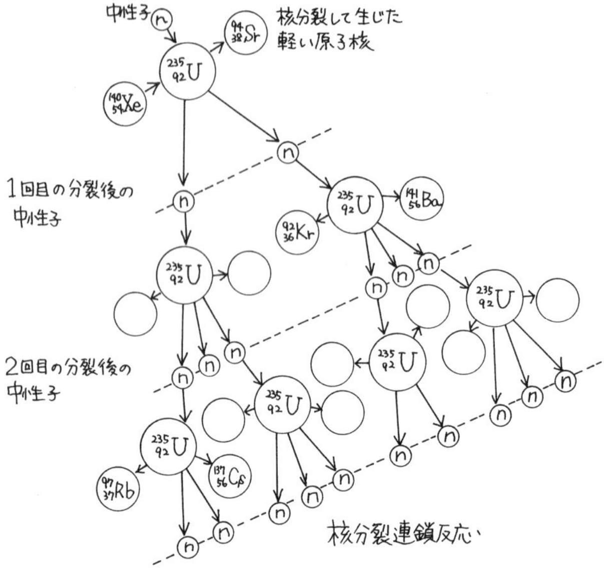

核分裂をおこなう性質をもつウラン235は、天然ウラン全体の約0.7%にすぎず、それ以外は核分裂を起こさないウランの同位体です。その後、ウラン238が中性子を吸収してできるプルトニウム239も核分裂性をもち、原子爆弾や核燃料に利用できることがわかりました。

原子爆弾にするには、それらの原子核を高濃度に濃縮して一定量以上集め、連鎖反応が高速で起きるようにすればよいわけです。

それに対して発電のために熱エネルギーを安定的に取り出すには、原子炉の中で少しずつ反応させ、連鎖反応をコントロールしなければなりません。

プルトニウムはウランによる核燃料を原子炉で使用した後にできるため、核燃料のリサイクルが可能です。一方、原子爆弾の原料ともなることから、その処理や利用の仕方が社会的な課題となっています。

原子力発電所

日本では、国と電力会社が中心となって、1960年代以降原子力発電所の建設が続き、2003年では商業用としては52基の原子炉が運転され、設備容量4500万kW、年間発電電力量の3分の1にあたる3000億kWhが発電されています。これはアメリカ、フランスに次いで世界で3番目の規模です。

さて、原子力発電をおこなうには、まず核分裂連鎖反応を起こすための装置「原子炉」が必要です。原子炉で発生した熱エネルギーを利用して、水などの冷却材を温め、水蒸気の圧力で蒸気タービンを回転させ、発電機を回転させ発電します。

蒸気タービンを回転させ、発電機を回転させるという作業は、火力発電所と同じです。

現在使われている原子炉の多くは、軽水炉と呼ばれ、普通の水を減速材として用いるものです。

沸騰水型原子炉（BWR：Boiling Water Reactor）は蒸気発生器がないため、構造が簡単で、放射性を帯びた一次冷却水がそのままタービンに送られます。加圧水型原子炉（PWR：Pressurized Water Reactor）は、一次冷却水をより高圧にして沸騰を抑え、より高温の熱が得られますが、構造はやや複雑なものとなります。

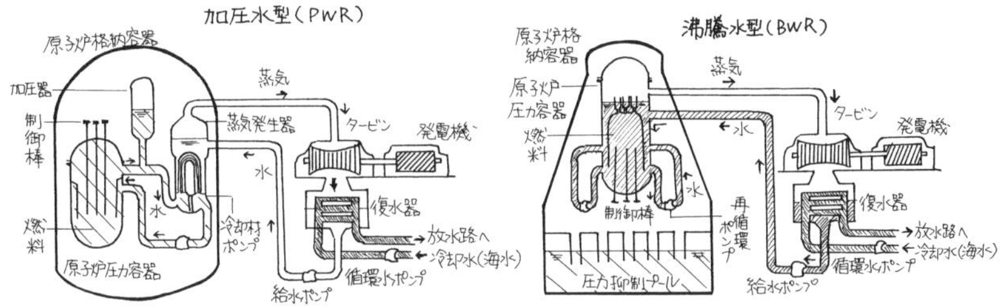

沸騰水型原子炉と加圧水型原子炉

放射性廃棄物の処理

原子力発電では、化石燃料の燃焼とは異なり、大気汚染の原因物質となる排気ガスは出ませんが、反応後の核燃料には、強い放射線を出す放射性物質が残ります。100万kWの原子炉では毎日3kgのウランが使われ、その約4％が核反応生成物となっています。

これらの物質は、高レベル廃棄物として厳重に管理され，環境外へ決して出ないようにされています。原子力発電所内で作業に使われた衣類なども、低レベル廃棄物として，焼却により体積を小さくしドラム缶に詰められ保管されています。低レベル廃棄物には、放射性をもつすべての廃棄物が含まれ、毎年膨大な量が発生し問題となっています。

原子力発電所関連の事故と意思決定

原子力を人類にとって安全なものとして利用していくことは可能なのでしょうか？

次の年表をみながら、これまでに起こった主な原子力事故を振り返りながら考えてみましょう。

1979 年 3 月 28 日	アメリカのスリーマイル島原子力発電所 2 号炉 冷却水喪失による炉心溶融事故 放射能の放出により住民が避難 （国際評価尺度レベル 5）
1986 年 4 月 26 日	旧ソ連のチェルノブイリ原子力発電所 4 号炉 操作ミスによる原子炉暴走 大量の放射性物質が大気中に放出、世界最悪の事故 （同レベル 7）
1995 年 12 月 8 日	福井県敦賀市、高速増殖炉「もんじゅ」 冷却剤のナトリウムが漏れ、火災 初歩的な設計ミスや事故隠し （同レベル 1）
1999 年 9 月 30 日	茨城県東海村にある JCO の核燃料工場 濃縮度 18.8％のウラン溶液が臨界 3 人の作業従業者が中性子線を大量に被曝 周辺住民 50 世帯が避難、10 万世帯が屋内退避 国内最悪の事故（同レベル 4）

上の表のほかにも，原子力発電所に関連して，大きな被害を伴わないトラブルや事故は数多く起こっています。中には事故隠しのような事例もみられ、事故後の処置やアカウンタビリティの点での問題が指摘されてきました。

イタリアではチェルノブイリ原子力発電所事故の後、原子力発電の推進について，国民投票が行われました。その結果，原子力発電に有利な法律の一部が廃止され，脱原子力への道が選択されました。ヨーロッパ諸国の多くは環境重視の観点から、脱原子力の政策に傾きつつあります。ドイツでは、原子力発電に代わって風力発電が推進されています。一方、フランスでは原子力発電に力を入れています。

日照りが続き、干上がる寸前のガルドン川（フランス）。
異常気象によって、二〇〇三年夏、
ヨーロッパ大陸は全域にわたり熱波と乾燥に見舞われました。
それによる森林火災も大被害を引き起しました。

©Greenpeace/Barret

Solar cell
7 太陽電池

地球温暖化を防止するのに、一番活躍すると考えられているエネルギー源の太陽電池について、実際に工作しながら考えてみましょう。

太陽電池が大活躍！

太陽電池は、光のエネルギーをうけて電気エネルギーに換える装置です。

ずっと以前は、太陽電池はとても高価なものだったので、宇宙船のように高度なものにしか利用できなかった時代がありました。しかし、今や安価に作ることができるようになり、身の回りのいろいろなところで大活躍しています。

最近、電卓の電池を取り換えたことがありますか？　今では、太陽電池を利用した電卓があたりまえです。また、電子音が鳴るメッセージ・カードがあります。カードを開くとカードの内側に貼り付けてある薄い太陽電池に光が当たることで発電し、メロディやメッセージが流れます。このように身近なところで大活躍をしています。

太陽電池はどうして発電できるの？

では、太陽電池の構造はどのようになっているのでしょうか。

現在、活躍するタイプの太陽電池は、アモルファスシリコン太陽電池です。この太陽電池の主な材料はシリコンという半導体です。シリコンは、そのままではほとんど電気を流しません。そこで電気が流れるようにするため、シリコンの中にホウ素やインジウム、あるいはリンやヒ素をほんの少しだけ加えます。

すると、どうなるのでしょうか？

シリコンは4価の元素といって、となりの原子とつながるときに、4本の手をもってつなぎあっています。

ところが、4本の手をもっていな原子もあります。たとえば3本の手とか、5本の手です。

ホウ素やインジウムは、じつは3本の手しかもっていませんので、これをシリコンの中に入れると、シリコンの手が1本余ってしまいます。逆に、リンやヒ素は5本の手をもっているため、1本余ってしまいます。このため、シリコンだけのときは、整然とシリコンが並んでいて、電気のもとの電子がシリコンの中を通り抜けることがむずかしかったのですが、3本の手のものや5本の手のものがサンドイッチされて、シリコンの列の中にすき間がやひずみがあちこちにでき、電子がうまく通ることができるようになります。つまり、電気を通すことができる状態になったということです。

さらにもう少し、くわしいことも説明しましょう。

前述しましたように、シリコンのように4本の手をもっているものを4価の元素といいます。原子は、一番外側にこの手の本数だけ電子をもっています。ですから、シリコンは、一番外側に4個の電子をもっています。3価の元素では3個、5価の元素では5個の電子をもっているわけです。

シリコンに3価の元素をほんの少し加えると、電子が足りなくなるところができます。これをホール（正孔）といいます。電子は、それ自体がマイナスの電気ですから、電子が足りないホールは、まるでプラスの電気のようにふるまいます。このようにして電気を通るようにした半導体をP型半導体とよびます。Pは、ポジティブのPです。P型半導体に電圧をかけるとホールはプラス極側からマイナス極側の方向に向かって流れます。

一方、シリコンに5価の元素をほんの少し加えると、電子（自由電子）

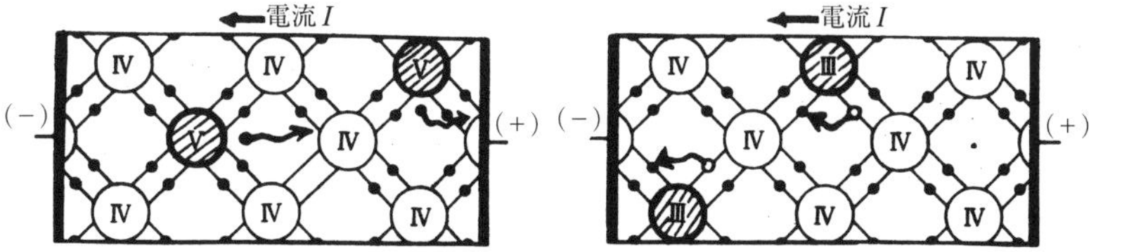

(b) P型半導体（●電子、○正孔）　(b) P型半導体（●電子、○正孔）

シリコン半導体

が余ってしまう所ができます。これをＮ型半導体とよびます。Ｎは、ネガティブのＮです。Ｎ型半導体に電圧をかけると電子はマイナス極側からプラス極側の方向に向かって流れます。

太陽電池は、Ｎ型半導体とＰ型半導体を貼り合わせて作ります。光が当たると、電子とホールが生じます。Ｎ側とＰ側を結線すると電子はＮ側からＰ側へ移動します。つまり、太陽電池では、Ｐ側からＮ側へ電流が流れるというわけです。

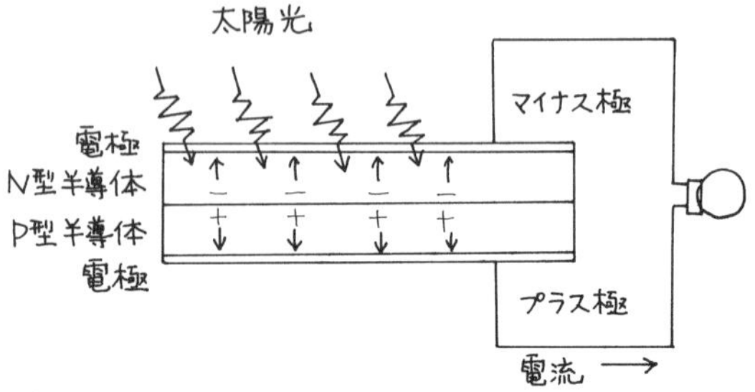

シリコン太陽電池

1973年に、全世界がオイルショックにみまわれ、日本でも、太陽光発電が見なおされました。そしてその後、サンシャイン計画が進められています。また、火力発電による地球の温暖化および酸性雨の問題からも太陽光発電は注目されています。

安価なアモルファス型の太陽電池の研究開発が進み、発電効率も以前と比べると格段によくなってきています。企業では、屋上に太陽電池パネルを敷き詰め、消費される電力の大部分をまかなっている建物も造られています。余剰電力がでた場合には電力会社に売られることもあります。

一般家庭の場合を考えてみましょう。最近の屋根用の太陽電池パネルの場合、１枚のパネルで20～30Ｗの出力が得られますで、３枚のパネルを直列に接続すれば、100Ｗ程度の電力が得られます。一般家庭が使用する電気量は年間およそ3000kＷh（４人家族）といわれています。この部分を補うように、少しずつですが、各家庭に導入されるようになってきています。また、最近ではソーラーエアコンも普及しつつあります。

しかし、いくつかの問題も指摘されています。太陽電池が実際に動いている最中には、確かに二酸化炭素を出しませんが、シリコンを利用して太陽電池を製作する段階では、多量の電力が必要であるため多量の二酸化炭素が大気中に放出されています。

また、シリコンを使用した太陽電池へいろいろな元素を混ぜましたが、それらのなかには有毒な元素もあります。太陽電池に寿命がきてそれを廃棄するときに、環境汚染が広がるのではないかという問題もあります。

そこで注目されているのが、光合成型の太陽電池です。

新しい太陽電池—光合成型太陽電池

光合成型太陽電池は、スイスのグレッツェルらによって開発されました。このタイプの太陽電池は、色素増感太陽電池とよばれます。

色素増感太陽電池は、太陽の光からエネルギーを取り出す植物の光合成に似ているので、光合成型太陽電池とよばれています。主原料は、電気伝導性透明ガラス電極、二酸化チタン、有機色素、ヨウ素溶液です。二酸化チタンは、化粧品や白色顔料にも使われています。太陽の光を吸収する色素には、アメリカンチェリー、紫キャベツ、ハイビスカスなどの天然色素を使います。その他、ヨウ素溶液はうがい薬に利用されています。

この太陽電池は、これらの材料を用いて、安価でしかも特別な装置を使うことなく簡単に作ることができ、環境への悪影響が少ないのが特徴です。

色素増感太陽電池はどうして発電できるの？

それでは、色素増感太陽電池はどうして発電できるのでしょうか？　その仕組みをみていきましょう。

マイナス極には、電気伝導性ガラスに二酸化チタンをコーティングした物を使います。プラス極には、電気伝導性ガラスに黒鉛か白金をコーティングした物を使います。この両極の間に電解液をみたします。電解液には、ヨウ素／ヨウ化物の混合溶液を使います。

二酸化チタンは、太陽光をあまり吸収できないので、太陽の光をうまく吸収できる色素を二酸化チタンの表面にぬって、この弱点をカバーしています。この色素の部分で、光エネルギーから電気エネルギーへと変換されます。変換された電気は、二酸化チタンを通って流れ、全体として電池の働きをします。

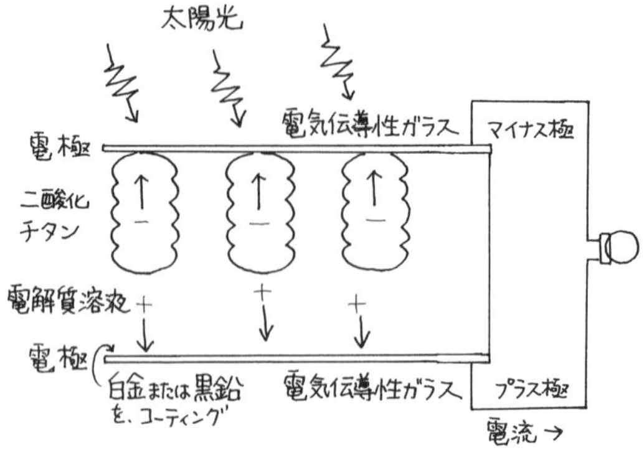

色素増感太陽電池

ですから、色素増感太陽電池では、マイナス極にコーティングする二酸化チタンを、軽石のようにいっぱい穴の空いた多孔質な状態にして、二酸化チタンの表面積を大きくし、少しでも多くの色素をつけることが大切です。そうすれば、たくさん発電することができます。

光合成型太陽電池を作ってみよう！

それでは、いよいよ光合成型太陽電池こと色素増感太陽電池を作ってみましょう。

準備するもの

電気伝導性ガラス２枚、二酸化チタンの粉末、酢酸、中性洗剤、植物色素（アメリカンチェリー、紫キャベツ、ハイビスカスなど）、黒鉛（鉛筆の芯など）、クリップ２個、ヨウ素液、カセットコンロ（ガスバーナー）、クリップ、小皿、はけ、電子メロディー、太陽電池モーター、テスター

準備

1 二酸化チタンの粉末を酢酸水溶液で練って、ペースト状にします。その後、中性洗剤を１、２滴混ぜます。

2 テスターを使って、電気伝導性ガラスの電気を通す面を調べます。
3 ペースト状になった二酸化チタンを、電気伝導性ガラスの電気を通す方の面にぬります。
4 二酸化チタンをぬった電気伝導性ガラスをカセットコンロやガスコンロなどであぶり、ガラス板の上で焼きかためて、ガラスにコーティングします。このとき、コンロの上にはセラミック金網を敷いてその上で、焼き付け作業をおこなうようにします。
5 小皿に水を入れ、その水に赤紫色をした植物の実や花を浸して、色水を作ります。
6 二酸化チタンを焼き付けたガラス板を、(5) で作った色水に浸して染色します。

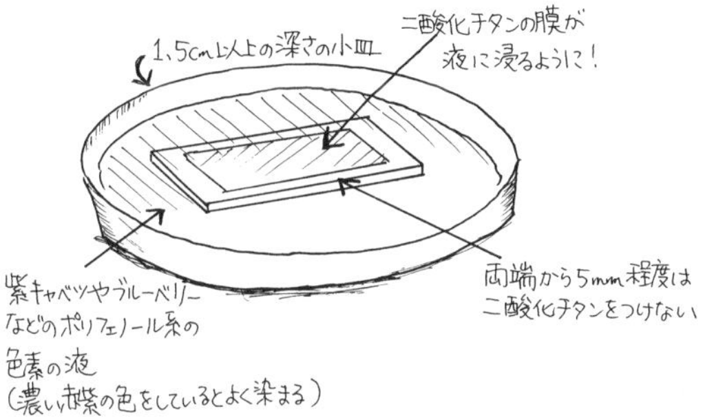

7 二酸化チタンの膜が濃い赤紫色に染まれば、液からから取り出して水洗いし、その後乾燥させます。
8 もう１枚の電気伝導性ガラスには、鉛筆の芯などをこすりつけて、黒鉛をコーティングします。

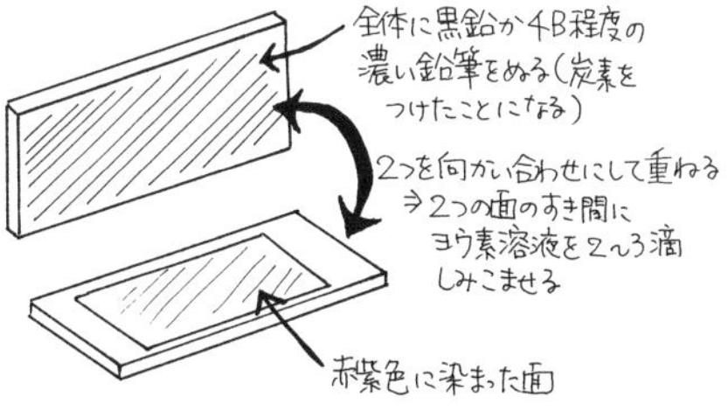

9 赤紫色に染まった二酸化チタンの膜に、電解液としてのヨウ素溶液を数

滴たらします。

10その上に、もう１枚のガラス板を、黒鉛をコーティングした面が二酸化チタンの膜と重なるように下向きにして置き、クリップではさんで固定します。

11この電池に導線をつなぎます。鉛筆を塗った側が＋極、色素で染めた側が－極となります。

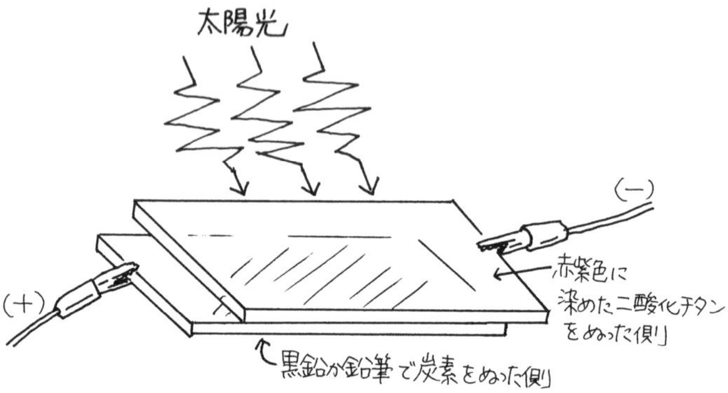

光合成型太陽電池の完成！

実験１

二酸化チタンをコーティングしたガラスの方から光を当てると、電気が発生します。

電子メロディーや電卓を使って発電を確認することができます。

電子メロディーの場合は、うまくできていれば１つの太陽電池でも鳴ることがありますが、４個直列につなぐと、ほぼ確実に発電が確認できます。

電卓を使うには、６個を直列にするとうまくできます。この場合、ソーラー電卓のふたを開けて、シリコン太陽電池をはずして、その導線に、光合成型太陽電池をつなぎます。

光合成型太陽電池の活躍

光合成型太陽電池は、従来の屋内用の太陽電池の代役を果たすことが可能といわれています。現在は、シリコン型小型太陽電池が使われていて、電卓や腕時計などは、あまりたくさんの電気を使いませんので、価格の面や環境への配慮を考えると、安価で環境負荷の低い光合成型太陽電池の利用が考えられています。実際、この太陽電池で、電卓も作動します。

また、屋外発電用電池としての利用も考えられています。

アモルファスシリコン太陽電池の利用は、地球環境問題に意識の高い人たちの間で広がっていますが、価格的にまだまだ高価であるため十分には広がっていないことや、原料のシリコンの不足が心配されています。

また、シリコン太陽電池は、寿命がきたのちに、その中に含まれる有毒元素のために、新たな廃棄物問題を引き起こし環境問題となることが心配されています。しかし光合成型太陽電池は、使う材料も安価で豊富な資源を用いています。二酸化チタンは安価で安全で豊富な材料です。

実用化に向けては、天然色素よりも効率よく太陽の光を電気エネルギーに変換する新色素の研究開発が課題です。また光合成型太陽電池は、高価な精密装置による生産設備がなくても作れますから、人里はなれたへき地での電源としても期待できます。

このように光合成型太陽電池は、応用分野が広く、注目を集めています。しかしまだまだ研究されなければならない問題点もあります。長い期間にわたって安定して使えたり、もっと効率よく発電をさせたりという問題などがあり、これらを解決しないと、実際に安心して利用することはできません。それでも、現在の環境問題やエネルギー問題という大変重要な問題を考えると、これらの解決方法として、また21世紀、人と自然との共存という観点からも、光合成型太陽電池は大変重要な技術です。

教育現場での利用は？

光合成型太陽電池は、児童・生徒が自ら工作して作ることができますから、とても人気の高い実験メニューです。学校の理科や総合的な学習の時間に、また、社会教育としての科学実験教室でと、広く活用することができます。

シリコン型太陽電池の場合は、教育教材に用いる場合にも、最初から完成した太陽電池として与えられ、太陽電池を用いて何か工作をしてみるような授業に限られています。しかし、このタイプの太陽電池の場合は、児童・生徒にも太陽電池そのものの工作が可能であり、さらに先端科学の分野で研究されているものを、自分たちで実際に作るという経験を通して、科学技術への興味・関心を高めることができます。

これまで、小学生の科学実験教室や高校生の授業で、このタイプの太陽電池の工作および発電実験をおこなってきました。これらの経験から作成した授業計画案を紹介します。

	学習内容	ポイント
1時間目	色素増感太陽電池の製作1 ・教師による色素増感太陽電池製作と発電の演示 ・二酸化チタンやヨウ素液など、この実験で使う材料は、日常生活ではどのような場面で使われているかを調べる ・地球環境問題の観点からみた場合、色素増感太陽電池に使われる材料が、シリコン型太陽電池にくらべて、ある程度地球にやさしいものであることを確認する。 ・透明ガラス電極に二酸化チタンの薄膜を焼きつける。 ・もう1枚の透明電極に鉛筆で炭素をぬる	・教師の演示により、色素増感太陽電池の作り方及び発電方法のイメージをつかむ ・1班を4人で構成する。 ・二酸化チタンは化粧品のおしろいとして使われている ・ヨウ素液はうがい薬に利用されている。 ・エネルギー問題、地球環境問題の観点から、色素増感太陽電池の材料について考える。 ・二酸化チタンを焼きつけるときに、やけどに注意。 ・透明電極の裏表に注意。
2時間目	色素増感太陽電池の製作2と発電実験 ・二酸化チタンの薄膜がついたものを植物色素（ハイビスカスや紫キャベツ）の色素で染色する。 ・染まった透明電極にヨウ素液を数滴、滴下する。 ・発電実験をおこなう。	・植物色素（ハイビスカスや紫キャベツ）の色素でしっかり染色する。 ・ヨウ素液は、あまり多くならないように注意。 ・発電実験では、4人の作った色素増感太陽電池を直列に接続する。 ・電子メロディーが鳴らない場合は、色素増感太陽電池を1つずつテスターで調べる。 ・色素増感太陽電池にハロゲンランプの明かりなどなるべく明るい光をあてる。
3時間目	色素増感発電電池の応用 ・ハイビスカス以外の植物色素をもち寄り、自分で用意した色素で染めて発電実験をおこなう。	・色素は洗い流せば落とすことができるので、染めなおせば再利用できる。 ・二酸化チタンの膜をはがさないように注意する。 ・二酸化チタンの薄膜がはがれたときは、もう一度焼き付けるとよい。

気候の大変動によって、世界各地で異常気象が頻発しています。
近年、ヨーロッパの一部を何百年に一度といわれた
最悪の洪水が襲いました。

©Greenpeace/Dorreboom

Wind Power Generation

8 風力発電

自然エネルギーの代表的なエネルギー、風力発電について、実際に自然の風で発電できる風力発電機を作って学んでみましょう。

見なおされた風力発電！

風のエネルギーは、実はずっと昔から世界各地で利用されてきました。風のエネルギーの利用を一番イメージしやすいのは風車でしょう。そのほかにも風力エネルギーは、帆船（はんせん）やヨットの動力として利用されてきました。

風車といえば、オランダの大きな4枚羽根の風車が思い出されるかも知れませんが、小型の風車も、揚水、かんがい、製粉などに昔から広く使われてきました。

しかし、産業革命以降の私たちの生活をささえるため、工業ではいつでも大量に安心して使えるエネルギーを必要としてきました。そのため、風車による風力エネルギーでは、十分ではないと考えられたのです。

例えば、船の場合には蒸気船が発明され、やがて化石燃料を用いたエンジンを積んだ船へと、その動力源は移り変わっていきました。自動車の場合もそうです。また、モーターの発明により、日常生活の動力源に電気エネルギーを使うことが多くなりました。そのため、ダム式の水力発電所や化石燃料を利用した火力発電所、さらには、原子力発電所を利用して、大量に発電をおこなってきました。

ところが1970年代になると、電気の使用量はさらに増え続け、これに向けての準備が必要となりました。また、そのころに起きた「石油危機」の体験などから、豊富で無尽蔵でクリーンなエネルギーが求められるようになりました。再生可能なエネルギーとして、太陽エネルギーとともに、風力エネルギーが注目の的となりました。

風力エネルギーは、石油に代わるエネルギーとしてだけではなく、地球環境問題への対応として、二酸化炭素などの温室効果ガスや硫黄酸化物、窒素酸化物などの汚染物質を出さない、環境負荷の低いエネルギーとして見なおされ、開発が進んでいます。

風力発電の海外でのようすをみてみましょう。アメリカ、カリフォルニア州では、風力発電が盛んに行われ、ウインドファーム（大規模風力発電施設）を形成しています。ウインドファームに設置されている風力発電は、平均100kW程度のものが中心です。ヨーロッパ各国では、風車の大型化が進み、メガワット級が商用機として出回り始めています。ドイツは、現在ではアメリカを追い抜いて、世界で一番多くの風力発電をおこなっています。そのほかに、インドなどが風力発電に力を入れています。

日本では、1980年代後半に一部地方自治体で実用化が始まりました。1990年代の中ごろには、日本国内の各電力会社が風力発電を所有するようになりました。東北電力の竜飛ウインドファームは、NEDO（新エネルギー・産業技術総合開発機構）の500kW風力発電を含めて試験研究として動いています。そのほかにも宮古島では、NEDOと沖縄電力との共同研究がおこなわれています。1992年には、余った電気を売ることができるようになりました。そのため、企業なども余った電気を売ることを目的として風力発電をおこなうようになってきました。

日本の国家計画であるサンシャイン計画の一環として、1981年度から1986年度にかけて100kW級風力発電の研究開発が行われ、続いて1986年度から1990年度にかけてメガワット級をめざした大型風力発電システムの開発に向けての研究が行われました。

これらの研究の結果、風車の設置に適した場所がわかってきました。たとえば離島、海岸部、山岳部などでは、土地の起伏が大きいため風の乱流、突風の影響を受けやすいことなどの風況が指摘されました。

実験教材としての風力発電

風力発電は、学校での理科学習や環境学習において、学習教材としてよく利用されています。理科学習では、モーターを発電機として利用する実験が多く行われています。このとき、「モーターを風力で回転させれば風力発電ができますよ」という指導は多く行われています。そしてその実例として、実際に稼働している大型風力発電機が紹介されます。

ところが授業実践として、風力発電機を自作することによって自然に吹く風で、風力発電実験を実際に児童や生徒に実体験させる授業は多くはありません。これは、実際に自然に吹く風で発電する風力発電機を作ることがむずかしかったからです。

しかし今回、児童・生徒が自分たちで手軽に自作でき、自然に吹く風で性能よく発電することができる風力発電機を、実験教材として開発することができました。

この風力発電機を使って、身近ないろいろな電気製品を使えるようにしましたので、児童・生徒たちに風力発電を実感させることができます。そして何より、自分たちで、実際に発電することができたという感動を味わうことができます。

いろいろな風車があるよ！

風力発電は、風の運動エネルギーを利用して発電機を回転させ、電気エネルギーを取り出す装置です。風のエネルギーを利用するのには風車を利

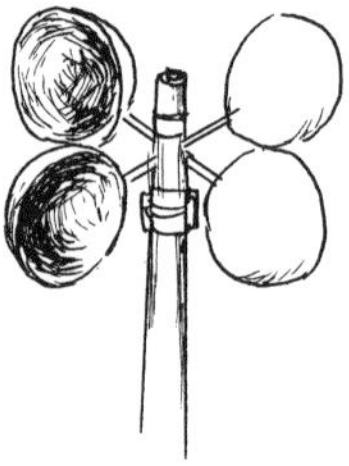

パドル型

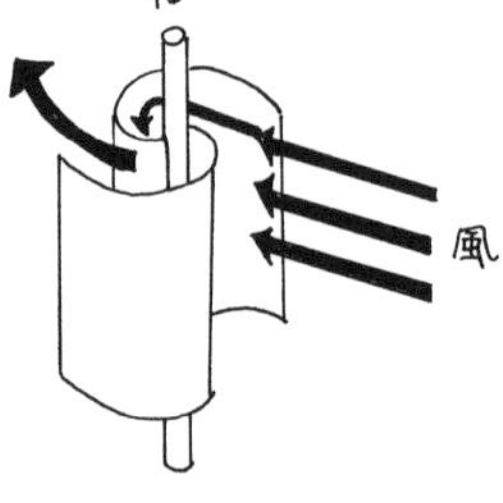

サボニウス型

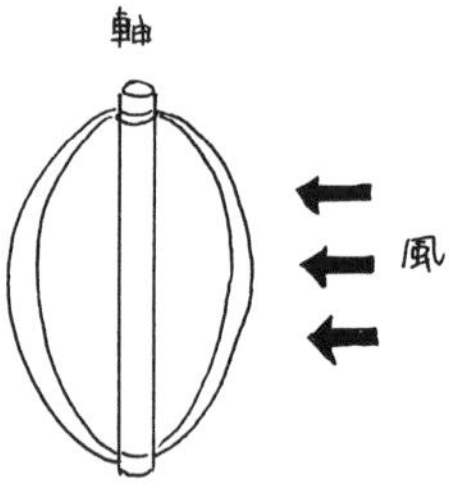

ダリウス型

用します。

風車は歴史的にいろいろな形のものが使われてきました。大きく2タイプに分かれ、回転軸が水平なものと垂直なものがあります。

水平軸風車には、オランダ型、プロペラ型、多翼型、セイルウイング型などが知られています。垂直軸風車には、パドル型（風速計などによくみるタイプ）、サボニウス型、ジャイロミル型、ダリウス型などが知られています。現在、実用化されている主力タイプは、水平軸のプロペラ型で羽が2枚か3枚のものです。風車のエネルギー変換効率は理論的には60%といわれていますが、現在のところは40%程度です。

サボニウス型風車の特徴

サボニウス型風車は、図にもありますように、円筒形を縦に2つに切った形をしたバケットを、中心を少しずらして心棒を取り付けたような形をした風車です。

よく知られている風車の1つに、ロビンソン風速計に利用されるパドル型風車があります。この風車は、風に押されて回るタイプの風車で、風を受ける方のパドルに対して反対側のパドルは、風に対して抵抗となってしまいます。このタイプの風車を抗力型風車といいます。サボニウス型風車はこの欠点を改良したものです。

では、どのようにその欠点を克服したのでしょうか。抗力型風車の風の受け方をみると、次のページの左図に示したように片方のパドルが風を受けているとき、反対側のパドルは、形状がお椀型であるため幾分か減らしていますが、風に対して抵抗になっています。それに対して、サボニウス型風車は、次ページの右図のように、2つのバケットの間を通り抜ける風も、反対側のバケットを回す方向に利用することによって、回転の効率を高めています。サボニウス型の風車でも、風を受ける面と逆の面では回転するのに抵抗になりますが、風を受けている面から、風が抵抗になる側の方に風が流れ込んで、回転方向に押すことになるので効率がよいわけです。

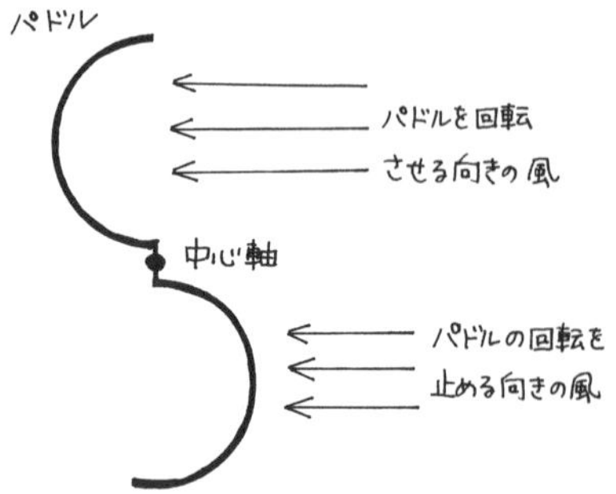

抗力型風車の風の受け方

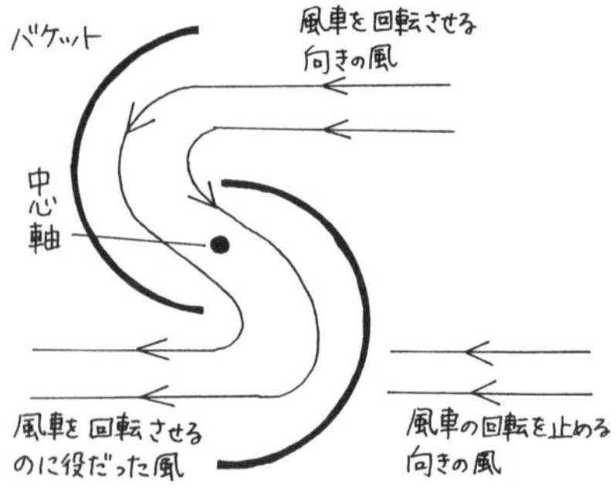

サボニウス型風車の風の受け方

サボニウス型風車は、プロペラ型などの風車に比べると、回転速度が上がらないという弱点をもっていますが、微風でも回転を始めるという特長があります。したがって、高速回転を求められるタイプの発電機には向かないですが、少々回転させるのが重くても、低い回転数でも発電できるタイプの発電機には向いているといえます。

またもう１つの特徴は、サボニウス型風車は風向きを問わないということです。プロペラ型の風車では、風向きに対して正面を向いていないと回転数が上がりませんが、サボニウス型風車は、どの向きから風が吹いてきても回転を始めます。

サボニウス型風車風力発電機を作ってみよう！

では、実際にサボニウス型風車風力発電機を作って、発電実験をしてみましょう。

準備するもの

ゴミバケツ70ℓ、ハブダイナモ、自転車の車輪、大きな円形ベニヤ（26インチ自転車の車輪程度か、それより大きなもの）、スタンド台のような重い台、整流用のダイオード、自転車のヘッドライト、トランジスタラジオ、模型の扇風機

準備

1 自転車の車輪の車軸の片側をスタンド台のような重い台に固定します。

2 自転車の車輪の上に、円形のベニヤ板を固定します。ベニヤ板に自転車の車輪のリムを合わせ、リム付近に穴を開け、この穴にコマひもを通して、リムにくくりつけ、車輪にベニヤ板を固定します。

3 円形ベニヤ板の上にゴミバケツを、半分に切って互い違いに固定します。図のように円形ベニヤ板の上に半分に切ったゴミバケツを設置し、これを木ねじでベニヤ板に固定します。

これで、完成です。

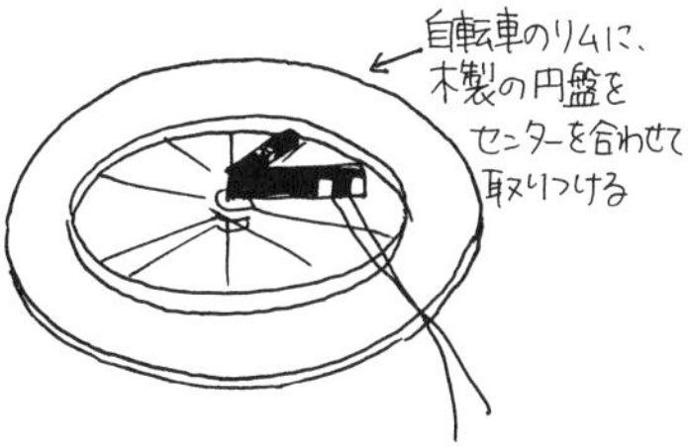

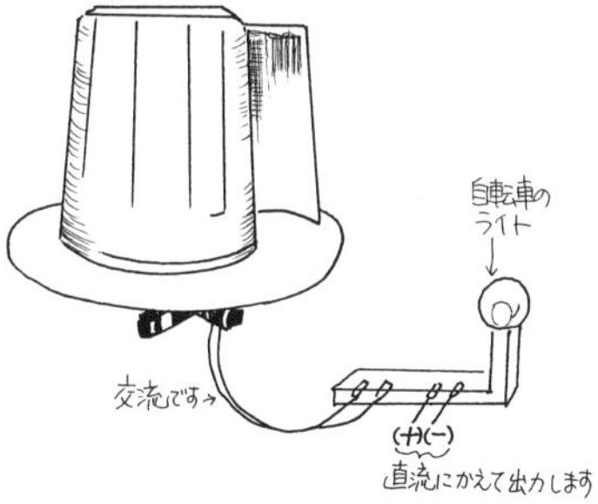

完成！

次に、整流器を作ってみましょう。ハブダイナモで発電した電気は、家庭用のコンセントに届いている電気と同じく交流です。そこで、ダイオードを用いて交流を整流し直流にする必要があります。自転車のヘッドライトは、交流のままでもつきます。しかし、携帯用蛍光灯、携帯用ラジオ、模型のモーターで回転する扇風機は、すべて直流の製品ですので、整流器が必要です。

図のように回路を組むとできます。この図の回路は、倍電圧整流回路です。

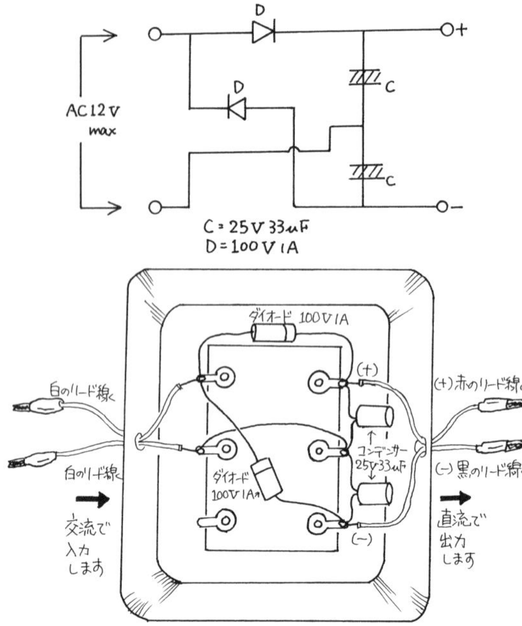

倍電圧の回路

実験

それでは、サボニウス型風車風力発電機を用いて、実際に風力発電実験をおこなってみましょう。

運動場などの広くて、自動車などの危険がないところに、サボニウス型風車風力発電機を置きます。

1 自転車のヘッドライトをつけてみましょう。この場合は、整流器を通しても通さなくてもいいです。整流器を通さない場合は、交流でヘッドライトがつきます。整流器を通すと、直流でヘッドライトがつきます。

2 携帯用蛍光灯をつけたり、携帯用ラジオを鳴らしたり、模型の扇風機を回してみましょう。この場合は、直流に整流する必要があります。

サボニウス型風車の性能は？

今回、製作したサボニウス型風車風力発電機の発電性能は、どれくらいなのでしょうか？　調べてみましょう。

風速計を使って、ある平均風速のときの発電電力を調べます。サボニウス型風車風力発電機に、20Ωの電気抵抗をつなぎ、これに、電流計と電圧計をつなぎます。そして、風速毎秒何メートルのときには、何ワットの電力が発電されるか調べます。

電力は、電流かける電圧で求めます。また平均風速は、10分間の平均風速のことを言うことに決まっています。気象庁で発表する午後3時の風速とは、午後2時50分から3時までの10分間の平均風速を計測した値です。

次の値は、実験室の中に大型扇風機を置き、この扇風機の風速をいろいろな値に変化させて、発電電力を調べたものです。

風速(m/s)	電力(W)
2.2	0.003
2.8	0.014
3.2	0.018
3.6	0.066
4.0	0.120
4.5	0.210
5.0	0.378
6.0	0.665

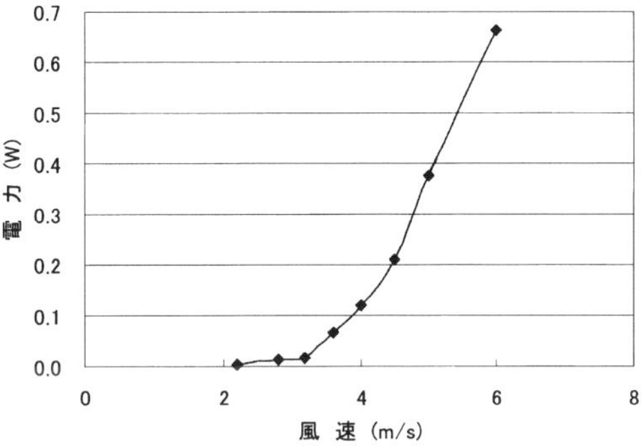

サボニウス型風車風力発電機による発電電力

ここで製作したサボニウス型風車風力発電機は、風速2.2m/sで回転を始めました。そして風速3.2m/sで、小型のトランジスタラジオが鳴り始めました。自然に吹く風で風車が回転を始め、発電ができたときには、子ども達は大喜びでした。

プロペラ型発電機も作ってみよう！

プロペラ型発電機の場合は、発電機を回転させるために大きなトルクが必要ですから、そのトルクに勝てるように、大きなプロペラにする必要があります。

ハブダイナモを発電機として用いて、4枚羽根のプロペラ型風力発電機を製作しました。1枚のプロペラの大きさを180cmにすると、風力発電機のプロペラの回転面は、直径が360cmになりますが、風速約1m/sでも勢いよく回り発電に成功しました。子ども達も、大喜びでした。

さあ、いろいろな大きさのプロペラを作って、自然に吹く風で、実際に発電実験をおこなってみましょう。

Fuel Cell

9 燃料電池

**21世紀は、水素エネルギー社会になるといわれています。
20世紀は、化石燃料に基礎をおいた社会で、ガスや火力発電所から送られてくる電気を利用していました。しかし、21世紀は水素が各家庭に送られ、燃料電池で発電をする社会が目指されているのです。**

燃料電池って、どんな電池？

燃料電池は、アメリカ合衆国でアポロ宇宙船の電源として開発され、現在もスペースシャトルなどの宇宙船の電源として利用されています。また、動力源に燃料電池を利用した、環境にやさしい自動車としてのエコカーの研究開発が、盛んにおこなわれています。

燃料電池は電池とは呼びますが、ふつうの乾電池などのように、内部にエネルギーを貯蔵しているタイプのものではありません。酸素と水素が化学反応をするときに放出する電気エネルギーを利用しているのです。

水を電気分解すると、酸素１体積と水素２体積が得られます。

$2H_2O \rightarrow O_2 + 2H_2$

これは、電気エネルギーを利用して水を酸素と水素に分解したわけです。逆に、酸素と水素を化学反応させて水にすると、外部にエネルギーを取り出すことができます。酸素１体積と水素２体積を、電気火花を利用して化合させると、すさまじいほどの大きな爆発音がして水が生じます。酸素と水素が一瞬にして化合したのです。「爆鳴気《ばくめいき》」は、まさにこの割合で酸素と水素を混合した気体のことです。

さて、それでは、酸素１体積と水素２体積を、ゆっくりと化合させればどのようなことが生じるのでしょうか？　こうすることで、電気エネルギーを外部に取り出すことができます。これを燃料電池といいます。

燃料電池の原理

燃料電池では，マイナス電極（水素極）で外部（図では左側）から水素が供給され，プラス電極（空気極）で空気中から酸素（O_2）が供給されます。

マイナス電極で供給された水素は、分子（H_2）の形ですが、マイナス電極中の触媒に吸着され、活性な水素原子（H－H）となります。この水素原子は水素イオン（2H^+）となり、2個の電子（2e^-）を電極に送り出します。

送り出された電子は外部の回路を通って反対側のプラスの電極に電流として流れます。このとき、電気的な仕事を行います。例えば，電球をつけたり，ラジオを鳴らしたりなどです。

プラス電極では、空気中から酸素分子が供給され、外部回路から戻ってきた電子を受け取って酸素イオン（O^{2-}）となります。一方マイナス電極で電子を取られてプラスの電荷を帯びた水素イオン（2H^+）は、電解質の中をプラスの電極の方に移動し、マイナスの電荷を帯びた酸素イオンと結合して水（H_2O）となります。

燃料電池では，このような反応を連続して行うことにより，電気エネルギーを外部に供給します。

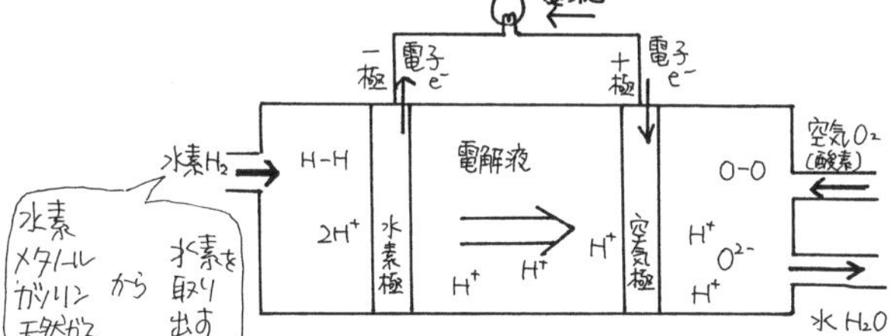

燃料電池のしくみ

燃料電池の開発史

燃料電池の歴史

1801年	燃料電池の発明 イギリスのデービー卿により、燃料電池の原理を発明 （1804年　ナポレオンがフランスの皇帝に）
1839年	初実験 イギリスの科学者ウイリアム・ロバート・グローブ卿が燃料電池の発電実験に成功
1932年	実用化研究 ベーコンが実用化の研究を開始
1965年	実用化1号 アメリカのジェミニ計画で、ジェミニ5号に燃料電池搭載
1968年	アポロ計画に燃料電池採用
1969年	アポロ宇宙船に燃料電池が搭載され、月へ行く （1969年　人類がはじめて月に着陸）
1981年	日本でも本格的に研究開発開始 通産省（当時）工業技術院がムーンライト計画において、燃料電池の開発を開始
1993年	ニューサンシャイン計画開始（日本）
1994年	燃料電池自動車開発 ダイムラーベンツ（現ダイムラークライスラー）が、ミニバンサイズのNecar I（ネカーワン）を開発
1996年	燃料電池連合（Fuel Cell Alliance）の結成 ダイムラーベンツ（現ダイムラークライスラー）が、バラード＊に出資し、燃料電池連合（Fuel Cell Alliance）を結成 （＊バラード（Ballard Power Systems）は、カナダのベンチャー企業で、潜水艦用に固体高分子型（PEM）燃料電池を開発してきた）
2000年	ミレニアムプロジェクト（日本） 小型定置用燃料電池について、国家プロジェクトである「ミレニアムプロジェクト」がスタート

燃料電池自動車

自動車メーカ各社は、燃料電池技術の開発に躍起となっています。

化石燃料の利用ができなくなる日はやがて訪れます。そのような状況になる前に、自動車の動力源に何を利用するかの準備をしておくことは大切です。いま、もっとも有力視されているのが燃料電池です。自動車メーカ各社によって、天然ガスやメタノールなどの燃料の中の水素を取り出し、空気中から取り出した酸素と反応させるなど、いろいろなタイプの燃料電池車が研究されています。

基本的な構造は共通なのですが、使用する燃料や燃料の供給方法の違いによって、異なった種類の自動車となるのです。

1　水素タイプ

水素そのものを使用すると、排気ガスは水蒸気だけになり、究極のクリーンな自動車となります。しかし水素は無色無臭の爆発性のガスで、これを自動車に安全に供給するのが難しく，また水素スタンドに配給するためのインフラの構築に、大規模な投資が必要です。法的な規制の問題もあります。

そこで、この水素に代わる方法として、メタノールやガソリンを改質する技術が研究されています。メタノールやガソリンを使用するとやはり二酸化炭素が発生しますが、それでも現在のガソリン車よりも約1/3程度まで減少できると計算されています。

2　メタノール改質のタイプ

メタノールはアルコールの一種です。これを自動車のタンクに充填（←正字）し、これを化学反応で分解して、水素を作る方法が研究されています。メタノールは液体ですので、ガソリンと同じ感覚で自動車に供給できます。

ただしメタノールは有毒で、気化したガスを吸ってしまう危険性があります。

3　ガソリン改質のタイプ

水素そのものの利用にも、メタノールの利用にも、いろいろ改善しなければならない問題があります。そこで、現在の技術や社会的環境を考え合わせた場合に，早期に実現の可能性が高いのが、ガソリンを分解（改質）して水素を合成する方法です。この方法ならば、これまでのガソリン自動車と同様に，「給油」するという方法が可能となります。

しかし燃料電池は，普通のガソリンに含まれる硫黄分により，性能が著しく悪化するため，燃料電池自動車用には硫黄分を十分に取り除いたガソリンを供給する必要があります。

将来を考えた場合、いずれ「水素」が燃料電池自動車用燃料の主流になるでしょう。しかし、すぐに使えるようにするという視点に立てば、水素式燃料電池自動車は技術的にも困難であるといえます。メタノールやガソリンは、それまでの「橋渡し役」として使用されるでしょう。

また、燃料の選択は自動車そのものだけではなく、社会全体のインフラ整備にかかわってくる問題です。現在のところ、ドイツはメタノールを、アメリカはガソリンを選択する方向にあるといえます。

燃料電池の種類と特徴

燃料電池自動車のところででもみてきたように、燃料電池にはいくつかの種類があります。それぞれ電解質の名前を使って呼ばれています。電解質が異なると、電極での反応や動作する温度も異なり、それぞれに特徴があります。代表的な4つの種類についてまとめてみましょう。

リン酸型燃料電池（Phosphoric Acid Fuel Cell: PAFC）

電解質はリン酸です。約200℃で動作する低温形燃料電池です。白金などの触媒が必要です。オンサイト発電、コジェネレーション発電用の電源として使えます。ホテルや病院、集合住宅などの電源と給湯用に50kWから200kWのパッケージ（都市ガスなどから水素をつくる設備を含んだもの）が市販の段階にあります。また発電所用として11MWのプラントも作られました。

固体高分子型燃料電池（Polymer Electrolyte Fuel Cell: PEFC）

電解質としてイオン交換樹脂（湿った状態で水素イオンが内部を移動できる樹脂）を用いています。小型で出力が大きく、室温に近い温度で作動する低温形燃料電池として燃料電池自動車用の電源として期待されています。

固体酸化物型燃料電池（Solid Oxide Fuel Cell: SOFC）

電解質として酸素イオンが動くことのできるイットリア安定化ジルコニアという酸化物を用いています。酸化物の中を酸素イオンが動いて導電性が現われるためには、1000℃近い高温が必要です。そのため高温形燃料電池とよばれています。火力発電所にかわる発電プラントとしての利用が検討されています。

溶融炭酸塩型燃料電池（Molten Carbonate Fuel Cell: MCFC）

電解質として，溶融炭酸塩を用い、炭酸塩が溶融する650℃で働く高温形燃料電池です。シート状の材料を積み重ねる構造のため量産性にすぐれ、火力発電所にかわる発電プラントとしての利用が検討されています。

身近なドリンクを使って燃料電池を作ろう！

準備するもの

写真のフィルムケース、手回し発電機（なければ006P（9Vの乾電池））、竹串（または、Bや2Bなどの鉛筆の芯や備長炭の細いもの）、アルミ箔、カセットコンロ（ガスバーナー）、電子メロディー（なければテスターやLEDなど）、コーヒーや紅茶など

準備1　電極をつくりましょう

竹串を用意し、3～4cmの長さに切り，これをアルミ箔でくるみます。

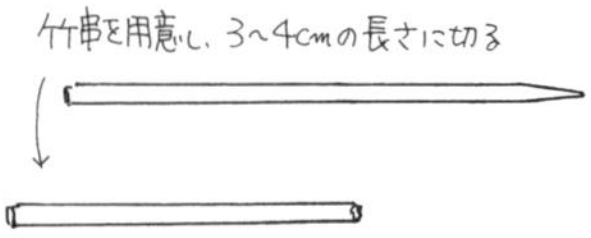

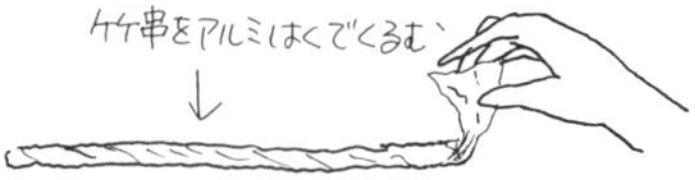

アルミ箔でくるんだ竹串を、カセットコンロで蒸し焼きにします。

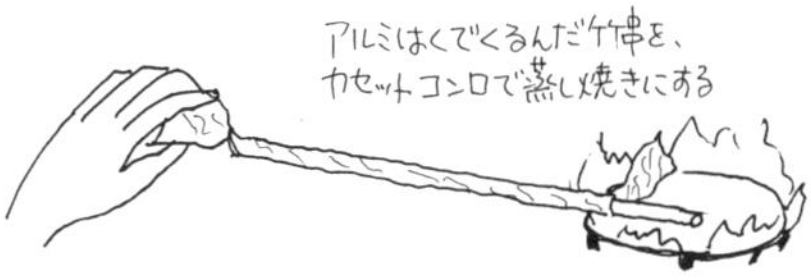

竹串は、2～3分程度蒸し焼きにすると、電気伝導性をもった炭になります。

このとき、できた竹炭を打ち合わせると、備長炭のようにカンカンと音がなれば、電極として使えます。竹串を炭化させて炭にするわけですが、その代わりに、濃い鉛筆の芯をそのまま用いてもよいです。

準備 2 **燃料電池本体の作製**

写真のフィルムケースのふたに、穴を 2 つ開け、それぞれの穴に、竹串で作った炭を 1 本ずつ差し込み、電極とします。フィルムケースに 3/4 くらい紅茶を入れ、フィルムケースのふたをします。紅茶の代わりに、お茶やコーヒーを電解液として入れると楽しい手作り燃料電池となります。

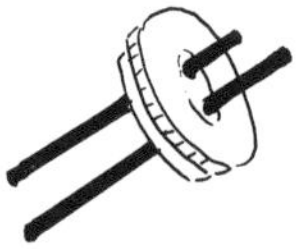

実験

竹串で作った炭の電極に手回し発電機をつなぎ、ハンドルを回して発電し、フィルムケース内の水を電気分解させ、水素と酸素を発生させます。手回し発電機がない場合には、前述したサボニウス型風車発電機を利用したり、9 Vの006P乾電池を利用することができます。

水の電気分解が起こりにくい場合には、電解液を高温（80℃程度）のお茶やコーヒーに代えると、簡単に電気分解し水素と酸素が発生します。

なお、発電が容易になるという理由で、電解液に塩化ナトリウム（食塩）を加えることがよくされていますが、電解液に塩化ナトリウムを加えると，水素と塩素が発生します。そのため発電実験の場合に，水素と塩素を化合させることになり，水素と酸素を化合させる燃料電池とは異なる化学反応がおこります。また，電気分解で発生する塩素は有毒です，その意味でも，電解液に食塩を入れることはしないようにしましょう。

燃料電池は、水素と酸素を反応させて電気を取り出す電池です。電気分解によりできた水素と酸素を利用して発電してみましょう。両極に電子メロディーをつなぐと、音が鳴り出すので、燃料電池が発電していることが確かめられます。また、テスターで電圧を計ってみましょう。

京都議定書によって、先進国は二酸化炭素（ＣＯ$_2$）など６種類の温室効果ガスの排出を削減することが決まりました。（1990年基準比で日本は６％）

写真提供・共同通信社

Energy Conservation

10 省エネルギー

**これまで、地球環境問題とエネルギー問題について、新しいエネルギーなどの紹介をしてきましたが、これらは科学技術の発展を待たないといけないものばかりでした。
しかし、みなさんにとってすぐにできて、しかも大きな効果が期待できるのが「省エネ」です。また、身近な技術を利用することで省エネができます。
省エネルギー実験器で省エネルギーを考えよう！**

エネルギー利用の歴史

人類は、「火」と出会ってから素晴らしい文明を発展させました。今から約50万年前に、火山の噴火や山火事などから火の利用が始まったと考えられています。やがて、木と木の摩擦によって火を起こすことをおぼえ、冬の寒さに耐えられるようになったり、あかりに利用したり、食料の加熱調理をおこなったり、猛獣から身を守ることに利用するようになりました。

その後「火」を利用して、土器や青銅器、鉄器などの新しい道具を、作るようになりました。

約１万年前には、人類は、農業をおこなうようになりました。牛や馬の力を利用して、石臼を回したり、荷車を引かせたりしました。その後、風や水などの自然の力を利用するようになります。

やがて人類は、薪やそれを炭化させた木炭を利用するようになり、ボイラーの利用を発明し、いつでもどこでも利用できるエネルギーを手に入れます。ジェームズ・ワット（英）は、石炭を使った蒸気機関を使いやすいものに改良しました。そのおかげで、蒸気機関は工場で利用されるようになり、蒸気船や蒸気機関車などの輸送機関も発明されました。こうして、産業革命を迎えます。

産業革命以降、人類は産業を発展させ、そのエネルギー源に石炭や石油などの化石燃料を使いました。化石燃料を大量に使うと、大量の二酸化炭素が発生し、地球が温暖化します。そのため、人類は、化石燃料に頼らないエネルギーを考えなければならなくなりました。

日本の電力事情

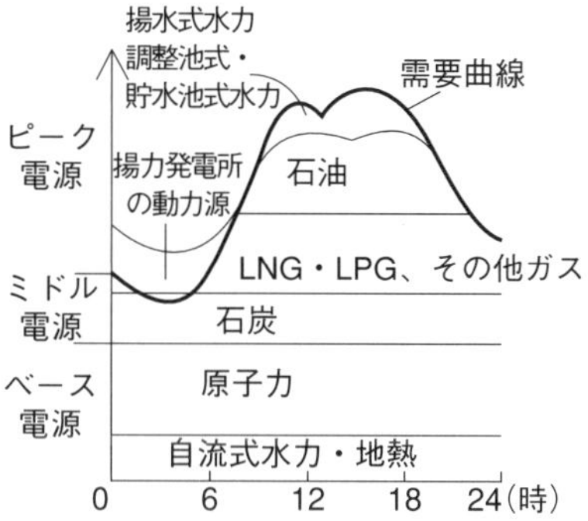

ベストミックス

これまでは、エネルギー利用の歴史をみてきましたが、次に、エネルギー消費の現状をみてみることにしましょう。

先進国では、夜には電気が余るのに、昼間には電気が足りなくなるのではないかと心配されることがあります。

日本では、一年中で一番電力使用が増えるのが、夏の高校野球のテレビ中継がおこなわれている昼下がりであるといわれています。この時間には、工場やオフィスビルでも大量の電気を使っていますが、各家庭でも、クーラーやテレビを見ているので大量の電気を使っています。寒い冬にも、電力の消費量は増えます。しかし、暖房はガスにも分散し、冷房ほど電力に集中することはありません。

このような事情により、電力消費は、昼と夜、季節によっても大きく変わるのです。そのため電力の基本に、出力調整の難しいもの（原子力など）を置き、変化する部分は出力の調整がしやすいもの（石油など）を用いて、供給電源を構成しようという考え方があります。これを、ベストミックスとよびます。

もし、電気が足りなくなったら!?

もし、本当に電気が止まるようなことがあったら、どのようなことが起こるのでしょうか。

アメリカでは、小さな電力会社が多いため、クーラーがいっせいに使われるような夏場の真昼には電気が足りなくなり、電圧が低下して照明が暗くなる「ブラウンアウト」や停電になる「ブラックアウト」が起こることがあります。ニューヨークでも、長時間の大停電が起こったことがあります。

いったんブラックアウトになると、いわゆる「ライフライン」がストップし、クーラーや照明、コンピューター、テレビなどが使えなくなります。一部の電車も止まり、銀行などのオンラインシステムが麻痺してしまいます。

そのようなことをさけるためには、電気が足りなくなる昼間に、すぐに活躍できる発電所が必要です。そこで活躍するのが揚水発電所です。この発電所では、夜に電気を使って川の水を汲み上げ、山の上のダム湖にためておきます。そして、昼間の一番電気が必要なときに合わせるようにダム湖の水を放水し発電します。

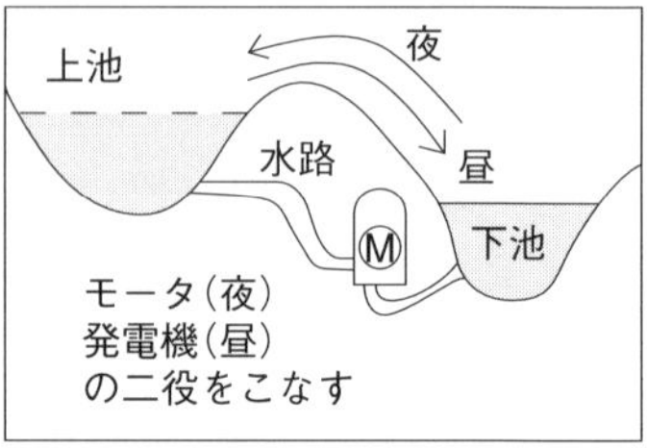

揚水発電所

揚水発電所は、いわば電気で電気を発電するという一風変わった発電所です。発電効率が70%以上といわれ、火力発電所や原子力発電所では、決して得られない高い発電効率です。しかし、この発電所の存在は、実に私たちがエネルギーの無駄使いをしているかの証拠ともいえます。

揚水発電所では、心臓部の発電機は、昼は発電機として夜はポンプのモーターとして1台2役をこなしています。つまり、電気を100使って、約70%の電気をつくることになります。約30%は、ロスとして無駄になっています。

私たちの日常生活を維持するため、このようなシステムが必要とされているのです。エネルギーの使い方に問題がないかどうかを点検してみる必要がないでしょうか。

省エネ電球実験器を作ってみましょう！

さて、私たちの日常生活の電気エネルギーの事情がわかると、「電気はこまめに消し、省エネに努力しましょう」といった態度をとることが大切なこともわかると思います。しかしそれだけではなく、そこに科学技術の力を利用すると、どんなことが可能か、調べてみましょう。

準備するもの

電球用ソケット２個、テスター２台、省エネ電球（電球色電球型蛍光灯60W相当の明るさの電球）、白熱電球60W、スイッチ2個、コンセント２個、デジタル温度計2台、電線、スリット（２個作る）

準備

1 図のように、電球用ソケットに白熱電球をはめ、スイッチを通して電線でつなぎ、コンセントを取り付けます。
2 同じように、白熱電球のかわりに省エネ電球を取り付けたものを用意します。

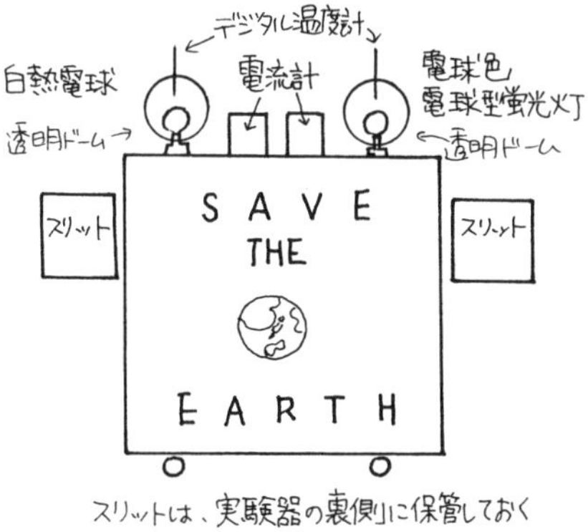

実験器

実験

1 白熱電球も省エネ電球も、スイッチを入れていれてみましょう。最初、省エネ電球は暗いですが、徐々に明るくなってきます。
2 このとき、それぞれの電球を流れる電流をテスターで読みます。
→白熱電球では0.6A、省エネ電球では0.14A程度です。
3 電気の消費量は、電流×電圧＝電力で求めます。それぞれの電球の消費電力を調べましょう。

→どちらの電球も家庭用のコンセントに差していれば、100Vの電圧がかかっています。テスターで、それぞれの電球に流れる電流を調べ、電力を求めると、

白熱電球：0.6×100＝60W

省エネ電球：0.14×100＝14W

約4倍ほど、白熱電球では多くの電気を使っていることがわかりました。

4 それぞれの電球のまわりの空気の温度を温度計で測ってみましょう。

→白熱電球のまわりの方が高温です。

本来、電球の役割は、明かりを灯すことにあります。ところが、白熱電球では、多くの電気を使って、明かりだけではなく熱も大量に放出します。

日本の電力事情をみたとき、夏の昼下がりに電気の消費のピークがきますから、そのときに白熱電球を使っていると、明かりだけでなく大量の熱も発生し、そのためにクーラーの設定を強くしなくてはならないという矛盾も生じます。

この意味で、省エネ電球を利用する意義がみえてきます。

省エネ電球の正体は？
――分光筒を作って調べてみましょう

それでは、いよいよ省エネ電球の正体を調べてみましょう。そのために、分光筒を工作し、これを用いて調べてみます。

準備するもの

分光シート（ホログラムシートなどとよばれて売られています）、ラップ類の筒、セロハンテープ、黒のガムテープ

実験

まず、ラップ類の筒に、5cm四方に切った分光シートをかぶせます。

対角線状に、セロハンテープで、分光シートを筒にとめていきます。

次に、黒のガムテープを、分光シートを止めた側の側面に丁寧に巻き付けます。これで、接眼側が完成です。

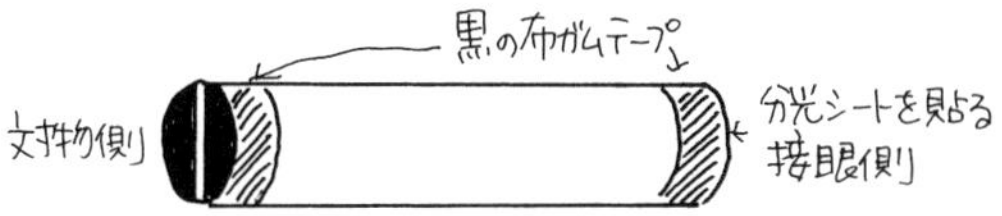

分光筒タイプA

分光筒のうち分光シートを貼ったのと逆側（対物側）に、図のようにガムテープを貼ります。このとき、細いすきま（0.5mm程度）が平行になるように注意しましょう！　このすきまをスリットといいます。

最後に、黒のガムテープを、接眼側と同じように、筒の側面にていねいに巻き付けて完成です。

実験結果

93ページの写真に示すように、省エネ電球のスペクトルは、白熱電球のスペクトルと違います。白熱電球では、７色（赤、燈、黄、緑、青、藍、紫）の色が連続してつながっていますが、省エネ電球のスペクトルでは、光が届いているのはとびとびのある色の部分だけになっています。

身近な明かりで、省エネ電球のようにとびとびのスペクトルになっているランプは、他にどのようなものがあるでしょうか？　分光筒を使いながら調べてみましょう。

蛍光灯がそうです。

RGB（赤、緑、青）を、光の３原色といいます。この３色を混ぜると、どんな色でも作ることができます。実際、テレビの画面やコンピュータのディスプレイでは、光の３原色を利用して、いろいろな色を表現しています。

蛍光灯も、この３色を適切に混ぜると、白熱電球のような電球色を作ることができます。細長い蛍光管に、昼光色や白色など、いろいろな蛍光管があることを知っていますか？　リビングや台所のなどの部屋の用途に合った明かりが選べるようになっています。
それでは、白熱電球はどのようなしくみでしょうか？

白熱電球のしくみ

白熱電球は、20世紀当初、発明王エジソンによって発明されました。

電球を手にもって眺めてみると、ガラス電球の中心部にクルクルと巻かれたフィラメントという金属線があるのがわかります。

エジソンが白熱電球を発明した当初、フィラメントには竹材をむし焼きにして作った炭素線を使いました。現在では、タングステン線を用いるようになりました。この竹材が、日本の京都・八幡市の竹であったことは有名です。

さて、フィラメントにかかる電圧が低いときには、フィラメントは暗い赤色をしています。フィラメントにかかる電圧を徐々に高くすると、フィラメントの温度も高くなり、フィラメントから出る光の色が、明るい赤、橙色、黄色、そしてまぶしいくらいの白色へと変化していきます。このように高温の物体から、光（電磁波）を放射することを熱放射とよびます。100V用の電球に、100Vより低い電圧をかけてみると、電球は赤っぽい色をし、スペクトルも赤い方に偏っています。電球にかける電圧を徐々に100Vまで上げ明るく輝かせると、そのスペクトルには赤燈黄緑青藍紫の七色すべてが含まれるようになります。

前述したように、蛍光灯では、電球色の製品であってもとびとびのスペクトルになります。フィラメントを高温にした場合の白熱電球のスペクトルは、この意味では太陽のスペクトルに近いわけです。

白熱電球では、明かりとして使われるエネルギーは、消費電力のわずか数パーセントで、残りは熱としてロスされています。逆に、この熱を利用したものが、ハロゲンヒーターです。調理用や暖房用に製品化されています。一方、明かりとして利用する場合には、これからのエネルギー・環境問題を、電力事情の視点からとらえると、照明器具もエネルギー変換効率のよいもの（たとえば蛍光灯）へと変えていくのが好ましいと考えられます。

白熱電球のスペクトル

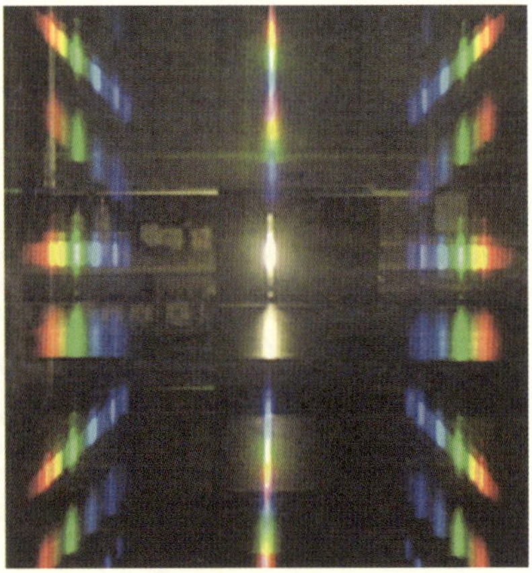

省エネ電球のスペクトル

目に見える光以外の光は？

高速道路のトンネルの中で黄色く輝いているランプをナトリウムランプといいます。このランプは、黄色の光しか出していないので、下の写真にみるようにスペクトルに分光しても黄色しかありません。真ん中の写真は、赤外線ランプのスペクトルです。赤外線ランプも、赤以外の光は出していません。おもに赤色の外側の赤外線を出しているわけです。一方、右端のランプは紫外線を出すブラックライトといいます。

このランプの場合は、紫以外にもいろいろな光が混じっていることがわ

ナトリウムランプ

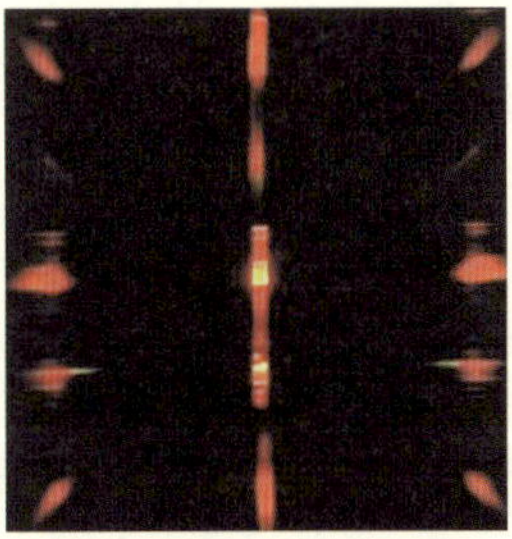

赤外線ランプ

ブラックライト

かります。

目で見える光を「可視光線」とよびます。可視光線では、赤の光の波長が一番長く800nm（ナノメートル）程度です。そして、それより波長の長い光は人間には見えません。そのような光を「赤外線」とよびます。

赤外線は、別名を熱線といいます。赤外線ランプは、おもに、身体を暖めるのに利用されています。遠赤外線ストーブなどはこの例です。医療の現場でも、温熱治療によく利用されています。

赤外線は、二酸化炭素などの温室効果ガスに吸収されて、地球を温暖化させてしまう原因になっています。赤外線は、温度をもったものからは必ず出されるので、地球の温暖化を防ぐには、温室効果ガスを空気中に出さないようにしなければなりません。

可視光線のうち、青や紫は、波長の短い光です。紫の波長は、380nm程度です。これよりも波長が短い光は、人間にはみえません。そのような光を「紫外線」とよびます。

紫外線は、別名を化学線といいます。殺菌作用などの化学作用があるからです。蛍光ペンなどに、紫外線を当てると蛍光を発して光ります。洗濯粉には、白い服をより白く洗いあがったようにみせるために、蛍光増白剤が混ぜてありますから、紫外線ランプをあてると、蛍光を発して光ることは前述しました。

紫外線は、殺菌作用があります。そのため、殺菌灯として利用されています。紫外線は人間にとっても危険です。

かつて、スプレー缶には、安全な化学物質と考えられていたフロンが入っていました。フロンは、化学的に安定している物質ですから、空気中に放出されると、空気中ではなかなか分解せず、大気の上の方まで上がって行ってしまいます。上空には、オゾン層がありますが、フロンはこのオゾンを分解します。

オゾン層は、太陽からやってくる紫外線を地上に届かないようにブロックし、人間や生命を守ってくれる役目を果たしています。

そのオゾンを、フロンは分解してしまうわけですから、地上に届く紫外線量が増えてきました。そのため、南アメリカなどでは白内障や皮膚ガンが増えてきています。

このように、いろいろな光には、それぞれ有益な面、不利益な面があります。

すてきな光のショーを観てみましょう！

分光筒の対物側をもう少し工夫して、すてきな光のショーがみられる分光筒タイプＢを作ってみましょう。

準備するもの

分光シート、ラップ類の筒、千枚通し、セロハンテープ、黒のガムテープ

準備

分光筒タイプＢの接眼側は、分光筒と同じです。対物側は次のように作ります。

まず、分光筒の対物側を、黒のガムテープでフタをするように覆います。

うまく覆うことができたら、黒のガムテープを筒の側面に丁寧に巻き付けます。

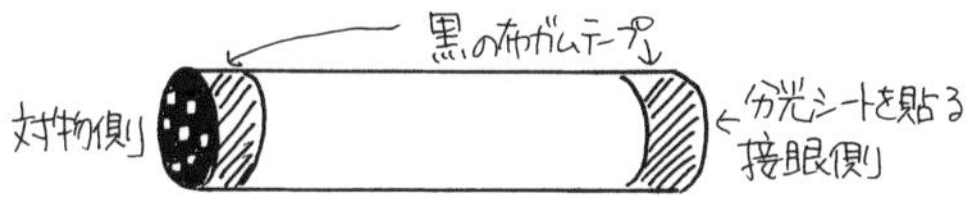

分光筒タイプB

対物側のフタをしたガムテープに、千枚通し（ボールペンの先でもよい）で、小さな穴を開けます。きれいに幾何学的な模様になるように小さな穴を開けると、とてもきれいな光のショーが楽しめます。

さあ、照明器具の方に対物側を向けて、接眼側からのぞいてみましょう。このとき、分光筒をくるくる回転させると、ファンタジーな光のショーが始まります。

UNFCCC

The Kyoto Protocol

to the Convention on Climate Change

3 これからの地球を考える

全人類に破滅的な影響をもたらすかもしれない地球温暖化。
温暖化の進行を遅らせたり、止めたりするための、
世界で唯一の取り決めが「京都議定書」です。

←── 右は実物大の「京都議定書」です。厚さは約2ミリ。この小冊子が地球を救う!?

1997年の温暖化防止京都会議で採択された
「京都議定書」を7カ国分並べてみました。

ECO-MANAGRER

11 環境家計簿

**地球環境問題は、確かに解決が難しい問題であるといえます。
しかし、難しい問題だからといって、そのまま放置してすむわけではなく、近い将来、人類全体の生活に大きな影響を与えるでしょう。そのため、この問題に目をそむけるのではなく、積極的にかかわって行かなければならないのです。
しかし、具体的に私たちひとり一人が、地球環境問題解決のためにどのような取り組みが可能でしょうか？**

省エネルギー活動を!!

私たち人間が、エネルギーを必要とするかぎり、まずは、エネルギーを供給する側の問題として、効率よくエネルギーをつくる技術を追求することが求められるでしょう。

その一方、エネルギーを使用する側の問題として、いかに有効に、ムダ使いなく利用していくかが求められます。エネルギーを使う側としての意識は重要で、国レベルで省エネルギーがうまくすすむと、大型発電所数カ所分のエネルギーを生み出したのと同じほどの効果があるといわれています。この意味でも、使う側が、いかに省エネルギーをおこなえるかがポイントとなってくるのです。

省エネルギーを実行するといっても、成果が実感できないと、それを続けていくことはむずかしいでしょう。具体的な数値が示されることにより、自分自身がどの程度の省エネルギーを実践できたかがわかれば、より励みとなります。そのために利用できるのが、「環境家計簿」や「エコライフチェックシート」です。

環境家計簿とは？

環境家計簿は、1980年に「新しい家計簿」という名称で、盛岡通氏（現大阪大学工学部教授）をはじめとする大阪大学の研究グループにより提唱されたのが始めとされます。1981年には、滋賀県大津生協の有志グループにより琵琶湖の環境保全をめざして「暮らしの点検表」が作成され、これが国内最初の環境家計簿といわれています。その後、各地の自治体や生協、民間企業など種々の団体が、さまざまな環境家計簿が作成されてきました。

1996年には環境庁版環境家計簿が作成されました。1995年9月に、環境庁に「地球温暖化防止のためのライフスタイル検討会」が設置され、家庭部門における地球温暖化防止対策の一つとして作成されました。

この環境家計簿では、消費者が楽しみながら、また、家計費の節約を励みとしながら、自然と環境に配慮したライフスタイル、特に地球温暖化の原因となる二酸化炭素の排出を少なくするライフスタイルに変えていくことができるようになることがめざされています。具体的には、電気、ガス、ガソリン等のエネルギーや水道の使用量やごみの量を、環境家計簿をつけるそれぞれの個人がチェックすることにより、家庭生活において排出される二酸化炭素の量が計算でき、同時に家計の節約にも一役買うような工夫が盛り込まれています。さらに、エコライフを送るためのアイデアも紹介されています。環境庁版には、デイリー版、ウィークリー版、マンスリー版の3種類が準備されています。

環境家計簿をつけてみましょう！

環境家計簿は、以下に示すような手順を用いて、使用する電気、ガス、水道、ガソリンなどの量を減らし、ごみの発生量を減らすことで家計を節約すると同時に、地球環境問題への負荷も減らそうというものです。

(1) メーターはどこかな？

電力量計（電気メーター）、ガスメーター、水道メーターが家のどこにあるか調べましょう。そして、電気、ガス、水道のメーターの数字を記録

環境家計簿シート

項目	CO_2 排出係数	1カ月目 使用量	1カ月目 CO_2	1カ月目 金額	2カ月目 使用量	2カ月目 CO_2	2カ月目 金額	3カ月目 使用量	3カ月目 CO_2	3カ月目 金額
電気（kwh）	0.36	× メーター	＝ （kg）	円	メーター	（kg）	円	メーター	（kg）	円
都市（LP）ガス（m^3）	2.1（6.3）	× メーター	＝ （kg）	円	メーター	（kg）	円	メーター	（kg）	円
水道（m^3）	0.58	× メーター	＝ （kg）	円	メーター	（kg）	円	メーター	（kg）	円
灯油（l）	2.5	×	＝ （kg）	円		（kg）	円		（kg）	円
ガソリン（l）	2.3	×	＝ （kg）	円		（kg）			（kg）	円
アルミ缶（本）	0.17	×	＝ （kg）			（kg）			（kg）	
スチール缶（本）	0.04	×	＝ （kg）			（kg）			（kg）	
ペットボトル（本）	0.07	×	＝ （kg）			（kg）			（kg）	
ガラスビン（本）	0.11	×	＝ （kg）			（kg）			（kg）	
紙パック（本）	0.16	×	＝ （kg）			（kg）			（kg）	
食品トレー（枚）	0.008	×	＝ （kg）			（kg）			（kg）	
ごみ（kg）	0.84	×	＝ （kg）			（kg）			（kg）	
合計			（kg）	ⓐ		（kg）	ⓑ		（kg）	ⓒ

1カ月の家計節約額	ⓑ－ⓐ　円	ⓒ－ⓑ　円	年間節約見込み額	ⓒ－ⓐ×6　円

し、それぞれ１カ月の使用量を調べ、その数値を環境家計簿に記録します。あるいは、電気、ガス、水道の使用量の検針票を残しておき、その数値を環境家計簿に記録します。

(2) ガソリンや灯油などの燃料などの領収書

ガソリン・軽油・灯油などの使用量は、領収書を残しておくようにしましょう。そして、１カ月の使用量を環境家計簿に記録します。

(3) ごみの量を調べよう！

体重計を使って、出すごみ袋ごとにその重さを調べましょう。測りにくい場合は、ごみに出す前にごみ袋をもって体重計に乗って重さを調べ、自分だけの体重を測って、引き算してごみの重さを調べます。

アルミ缶、スチール缶、ペットボトル、ガラスびん、紙パック、食品トレーは、リサイクルに出す地域が増えています。環境家計簿ではリサイクルに出さずに、捨ててしまった本数や枚数を記録します。

このように、環境家計簿の項目ごとに、それぞれの使用量・発生量を記録します。そして、家族会議などで、次の月、「エコライフチェックシート」を参考に用いて、今後、家族で長期に取り組むことができそうな「環境にやさしい行動」や目標の数値を決めます。その日から決めたことを、１カ月間実行します。

そして、その１カ月間の電気使用量、ガス使用量、水道使用量、ガソリン・軽油・灯油などの使用量、ごみの量を調べて、環境家計簿に記入し、最初の１カ月間と次の月間との差を比べ、増えたか、減ったかをチェックします。増えた場合は、増えた原因をエコライフチェックシートを使って家族で話し合い、次の対策を考え、その次のトライアルに活かせるよう準備しましょう。減った場合は、さらに次の月の生活に活かすように工夫しましょう。

最後に環境家計簿を使って、二酸化炭素の発生量をどれだけ減らせたか計算してみましょう。その１カ月間に地球のためにがんばった成果が見えてきます。

このような地道な取り組みを、エネルギー消費大国に住む私たちは、試すことが必要です。一人ひとりの取り組みは小さなものにすぎないかもしれませんが、多くの人の協力で、大きな成果をあげることができます。

このように多くの人の取り組みを結集してこそ、地球環境問題を解決し、エネルギー問題を解決するための糸口を得ることができるかもしれま

エコライフチェックシート

	行　　動	実行している	目　標	実　行できた
電気・ガス・台所	寝るときや外出するときは電気器具のスイッチを切る			
	テレビは見る番組を決め、時間も短くする			
	しばらく使わない電気器具はコンセントから抜く			
	電灯や蛍光灯などをこまめに掃除して明るくする			
	冷蔵庫の開閉は短くし、また食品を詰めすぎない			
	食器洗いは低い温度の水で洗う			
	湯沸かし器は使用しないときは種火を消す			
	なべはふたをして火にかける			
	お風呂は家族で続けて入る			
	冷暖房は、冬は20℃以下、夏は28℃以上にする			
	洗面ではできるだけ温水を使わない			
水道	食べ残しや食器の油よごれを少なくする			
	頭や体を洗うときシャワーを流しっ放しにしない			
	風呂の残り水は洗たくや掃除、植木に使用する			
	風呂の浴そうに水をいれすぎない			
	洗たくは粉石けんを説明書の分量を守って使う			
	歯磨き、洗顔、洗い物はため洗いをする			
ごみ	ガラス瓶など繰り返し使える容器のものを使う			
	詰め替えできるものを買う			
	包装しすぎたものは買わない			
	エコマーク、グリーンマークなどエコラベル商品を買う			
	たまに使うものは、借りたり、譲ってもらったりする			
	買い物にはかごや袋を持っていく			
	缶、瓶、ペットボトル、紙パックはリサイクルに出す			
	新聞、雑誌などを分別してリサイクルに出す			
	使用ずみの紙は計算・メモ用紙、袋などに再利用する			
	文房具は最後まで使いきる			
	電気器具や服は修繕して永く使う			
乗り物	遠くへ出かけるときは電車、バスを利用する			
	近くへは自転車や歩いていく			

せん。そのためにも、多くの人にとって、地球環境問題の解決のための行動として、見えやすい方法論、参加しやすいツールの準備が必要です。環境家計簿やエコライフチェックシートに、ぜひトライしてみて下さい。

Kyoto Protocol

12 京都議定書

京都議定書は、地球温暖化をくい止めることができる「世界で唯一の取り決め」です。地球を守ることができる、このような重要な取り決めを、日本で決定することができました。この京都議定書を全世界に向けて、情報発信していきましょう。

京都議定書を知っていますか？

2005年2月に、生みの苦しさを乗り越えて、ようやく京都議定書が発効しました。京都議定書が生まれるまでの歴史を振り返ってみましょう。1997年12月に、気候変動枠組条約第３回締約国会議（COP3）、いわゆる「地球温暖化防止京都会議」が、京都市で開かれました。会議では、地球温暖化の原因とされる温室効果ガスの排出量を減らす具体的な数値目標が決められました。この取り決めなどについて書かれた文書が「京都議定書」です。

その目標値は、2008～2012年の５年間に、先進国全体で1990年の排出量より５％（日本６％、米７％、EU８％）削減することをめざすというものです。

この約束は、議定書が発効してはじめて守る義務が生じます。発効する条件は、議定書に署名した国の国内での承認手続きである批准をすませた国が55カ国以上でかつ、批准した先進国の温室効果ガス排出量が先進国全体の55％以上です。この数値が両方ともクリアーされないと、京都議定書は発効されません。

2001年に米国のブッシュ政権が京都議定書から離脱を表明しため、京都議定書は危機に陥りました。しかし７月のCOP６再会会合で、二酸化炭素の森林吸収分を認めるなどの修正案を、日本を含む参加各国が合意することで、一度は危機を脱出しました。

しかし2003年には、今度はロシアが、京都議定書からの離脱を考え始めました。同年６月では、批准国は110カ国になり55カ国以上の批准という目標は達成しましたが、一方温室効果ガスの排出量は批准した先進国の43.9%にとどまりました。ロシア（17.4%）の批准がないと、議定書は発効できないという危機がありました。しかし、このような艱難辛苦にうち勝って、ついに発効しました。

京都議定書の本文の概要

京都議定書は、その内容は28条から構成される議定書本文、および削減対象となるガス・発生部門を定めた附属書Ａ、および各国の基準年に対する削減比率を定めた附属書Ｂから構成されています。以下に、主要な内容をその記載箇所とあわせて、まとめてみます。

1　数値目標の定義（第３条）

削減数値目標の概要は以下の通りです。

まず、対象となるガスは、二酸化炭素（CO_2）、メタン（CH_4）、一酸化二窒素（N_2O）、ハイドロフルオロカーボン（HFC）、パーフルオロカーボン（PFC）、六フッ化硫黄（SF_6）の６種類です。そして、2008～2012年（この期間を第１約束期間と呼んでいます）の間に、1990年を基準に（ただし、HFC、PFC、SF_6 は、1995年としてもよいとなっています）、排出量の削減がめざされます。

また、バンキングや吸収源という考え方が導入されました。バンキングは、目標期間中の割り当て量に比べて排出量が下回る場合には、その差を次期約束期間以降の割り当て量として繰り越しを可能とする考えです。吸収源の考え方としては、森林などの吸収源による温室効果ガス吸収量を算入可能（３条３項）とし、土地利用管理などによる人為的な吸収源の拡大（３条４項）は、別途決定することになりました。

2　排出量を把握するための国内の制度整備（第５条）

各国が、排出量・吸収量推計のための国内における制度を2006年末までに整備することが決められました（第５条１項）。

3　京都メカニズム関連

国際協調により削減目標を達成するためのメカニズムには、以下の、共同実施、クリーン開発メカニズムの、排出量取引の３種類があります。

１つ目は、共同実施（第６条）です。これは、先進国（市場経済移行国を含む）間で、温室効果ガスの排出削減または吸収増進の事業を実施することにより、その結果生じた排出削減単位を関係国間で移転（または獲得）することを認めるものです。

2つ目は、クリーン開発メカニズム（CDM）（第12条）です。これは、途上国（非附属書Ⅰ国）が持続可能な開発を実現するため、先進国が温室効果ガスの排出削減事業から生じた排出削減量を獲得することを認める制度です。2000年以降の認証排出削減量の利用を認めています。

そして3つ目は、排出量取引（第17条）です。これは、排出枠（割当量）が設定されている附属書Ⅰ国（先進国）の間で、排出枠の一部の移転（または獲得）を認めるというものです。

4　発効要件（第25条）

京都議定書は、55カ国以上の批准、気候変動枠組条約附属書Ⅰ国（削減義務のある諸国）の1990年の二酸化炭素排出量の55％以上を占める国の締結、の2つを発効要件としています。この両方が整ったときから、90日後に発効します。

2001年3月に、アメリカが議定書離脱声明をおこないました。アメリカに同調国が出た場合に、京都議定書の発効が危ぶまれましたが、マラケシュで開催された枠組条約第7回締約国会議（COP 7）でのマラケシュ合意により、アメリカ抜きでの発効に向かって動き出しました。

資料

附属書A

温室効果ガス

二酸化炭素（CO_2）、メタン（CH_4）、亜酸化窒素（N_2O）、ハイドロフルオロカーボン（HFCs）、パーフルオロカーボン（PFCs）、六弗化硫黄（SF_6）

部門／発生源分野

エネルギー

燃料の燃焼

エネルギー産業、製造業および建設、運輸、その他の部門、その他

燃料の漏出

固形燃料、石油および天然ガス、その他

工業プロセス

鉱業製品

化学産業

金属生産、その他の生産、ハロカーボンおよび六弗化硫黄の生産、ハロカーボンおよび六弗化硫黄の消費、その他

溶剤およびその他の製品の使用

農業

家畜の腸内発酵、家畜の糞尿管理、稲作、農業土壌、サバンナの野焼き、農業廃棄物の野焼き、その他

廃棄物

固形廃棄物の埋立、下水処理、廃棄物の焼却

その他

附属書B

締約国（数量的な排出抑制または削減の約束：基準年、基準期間を100としたときの削減率）

オーストラリア（108)、オーストリア（92)、ベルギー（92)、ブルガリア*（92)、カナダ（94)、クロアチア*（95)、チェコ共和国*（92)、デンマーク（92)、エストニア*（92)、欧州共同体（92)、フィンランド（92)、フランス（92)、ドイツ（92)、ギリシャ（92)、ハンガリー*（94)、アイスランド（110)、アイルランド（92)、イタリア（92)、日本国（94)、ラトビア*（92)、リヒテンシュタイン（92)、リトアニア*（92)、ルクセンブルグ（92)、モナコ（92)、オランダ（92)、ニュー・ジーランド（100)、ノルウェー（101)、ポーランド＊（94)、ポルトガル（92)、ルーマニア＊（92)、ロシア連邦＊（100)、スロバキア*（92)、ス ロベニア*（92)、スペイン（92)、スウェーデン（92)、スイス（92)、ウクライナ*（100)、グレート・ブリテンおよび北部アイルランド連合王国（92)、アメリカ合衆国（93)

＊市場経済への移行の過程にある国

本書で参考にした本など

地球環境問題・エネルギー問題全般に関する参考文献

Brown, Lester R. et al., 1988, State of the World 1988, the Worldwatch Institute.（松下和夫監訳・地球環境財団日本語版編集協力、1989年『地球白書'88－'89―環境危機と人類の選択』ダイヤモンド社）

Carson, R., 1962, Silent Spring, Houghton Mifflin Company Boston.（青樹簗一訳、1987年『沈黙の春』新潮社）

Lovelock, Jim E., 1979, Gaia―A new look at life on Earth, Oxford University Press.（スワミ・プレム・プラブッダ（星川淳）訳、1984年『地球生命水圏―ガイアの科学』工作舎）

Smith, Joel B. and Tirpak, Dennis., 1989, Potential Effects of Global ClimateChange on the United States, United States Environmental Protection Agency, Office of Policy, Planning and Evaluation, Office of Research and Development.（地球温暖化影響研究会編訳、1990年『米国EPAレポート抄訳地球温暖化による社会影響』技報堂出版）

World Commission on Environment and Development, 1987, Our Common Future Oxford University Press （大来佐武郎監修、1987年『地球の未来を守るために』福武書店）

E・ゴールドスミス編　J・ラブロック他著、不破敬一郎、小野幹雄監修、1990年『THE EARTH REPORT　地球環境用語辞典』東京書籍

勝沼晴雄・鈴木継美編、1970年『人類生態学ノート』東京大学出版会

川村康文、2003年『STS教育読本』かもがわ出版

環境庁（環境省）編『環境白書』各年度版、大蔵省印刷局

三野衛・川村康文ら、1992年「環境教育の授業（3）―高等学校理科の場合―」京都教育大学教育実践研究年報第8号、pp. 51-67

地球温暖化について

川村康文、1999年「地球温暖化と温室効果ガス」左巻健男編著『話題の化学物質100の知識』東京書籍

関西電力各種パンフレット

地球温暖化デモンストレーション実験器：http://www2.hamajima.co.jp/~elegance/kawamura/ondankajikken.htm

酸性雨について

石弘之、1992年『酸性雨』岩波書店

川村康文、1999年「大気汚染と酸性雨—窒素酸化物、硫黄酸化物」左巻健男編著『話題の化学物質100の知識』東京書籍

大気汚染について

石弘之、1992年『酸性雨』岩波書店

富永健・巻出義紘、1984年「ハロカーボンと成層圏Ⅰ」『科学』Vol. 54　No. 8、岩波書店、pp. 461

柏原由紀子、2001年「ロウソクからもNOxがでてくるの？」川村康文編著『サイエンスEネットの親子でできる科学実験工作２』かもがわ出版、pp. 110–111

川村康文、1999年「大気汚染と酸性雨—窒素酸化物、硫黄酸化物」左巻健男編著『話題の化学物質100の知識』東京書籍

ガスッテックキッズページ：http://www.gastec.co.jp/kids/top.htm

エアロゾルによる地球温暖化・冷却化について

柴田清孝著、1999年「光の気象学」木村龍治編集『応用気象学シリーズ１』朝倉書店

オゾン層破壊と紫外線について

森山茂、1997年『自己創成するガイア—生命と地球は共生によって進化する』学習研究社

発電と電気エネルギーについて

川村康文、1989年「エレガンス物理」ルガール社

関西電力各種パンフレット

八巻俊憲、2003年「原子力を考える」川村康文編著『STS教育読本』かもがわ出版、pp. 93-106

太陽電池について

川村康文、1999年「発電効率の上がった太陽電池」左巻健男編著『話題の化学物質100の知識』東京書籍

柳田祥三、2000年「くだもの色素で太陽電池を作ろう」川村康文編著『サイエンスEネットの親子でできる科学実験工作』かもがわ出版、pp. 118–121

色素増感太陽電池：http://www2.hamajima.co.jp/~elegance/kawamura/sikisozokan/sikisozokan.htm

風力発電について

川村康文、1989年「エレガンス物理」ルガール社

サボニウス型風車風力発電：http://www2.hamajima.co.jp/~elegance/kawamura/savonius/savonius.htm

燃料電池について

川村康文、2001年「燃料電池を作ろう！」『サイエンスEネットの親子でできる科学実験工作２』かもがわ出版、pp. 126–127

竹串を炭にした電極を用いて燃料電池を作ろう：http://www2.hamajima.co.jp/~elegance/kawamura/nenryodenti.htm

省エネ電球実験器について

省エネ電球実験器：http://www2.hamajima.co.jp/~elegance/kawamura/saveE.html

環境家計簿について

宇高史昭、2000年「環境家計簿」『サイエンスEネットの親子でできる科学実験工作』かもがわ出版、pp. 136–139

京都議定書について

京都議定書for kids（宇高史昭氏作成）：http://www2.hamajima.co.jp/~elegance/kawamura/kyotoprotocol.files/frame.htm

これは便利！
実験材料がインターネットで買えるお店

近所のお店ではなかなか手に入りづらい理科製品が手軽に入手できます。

中村理科工業株式会社　オンライン販売。

魅力的で楽しい理科製品が紹介されています。

ホームページ　http://www.rika.com

千代田区外神田 5－3－10

電話　東京都23区の方は、0120-700-746

東京都23区以外の方は、0077-23-000-746

ケニス株式会社　オンライン販売。研究用から科学マジックまで幅広く紹介。

ホームページ　http://www.kenis.co.jp

大阪市北区野崎町 1－16

電話　06-6313-0721

UCHIDA SCHOOL WEB JAPAN　品揃えはダントツ。理科教材の検索ができます。

ホームページ　http://school.uchida.co.jp

電話　0120-077-266

株式会社　リテン　本書を読んだと言っていただければ、いろいろと対応をしてくれる。

ホームページ　http://www.riten.jp

京都府久世郡久御山町佐山新開地179-1

電話　0774-45-2139

e-mail　info@riten.jp

東洋理化　おもにのUCHIDAの商品をあつかっています。

サイエンスEネットのオリジナルの材料も購入できます。

お申し込みはお電話またはメールにて。

京都府城陽市寺田高田59－2

電話　0774-52-1797

e-mail　ugp26202@nifty.com

あとがき

20世紀は、科学の世紀といわれました。

私たち人類は、科学技術によって便利で快適な生活を手に入れることができると信じてきました。しかし、20世紀の終わりには、いろいろな問題と直面することになったのです。

そして、21世紀は、まさに環境の世紀です。

地球環境問題を知り、エネルギー問題を知って、これらの問題に私たちの叡智を傾ける必要があります。

いまおこっている問題を科学的に理解し、社会的な認識を形成することが大切です。つまり環境科学やエネルギー科学によって、環境調和型のエネルギー社会を形成することが望まれます。

最後に取り上げた「京都議定書」は、日本から全世界に発信された「地球を守ろう」というメッセージです。

「環境家計簿」などの実践的な行動を行うことで、地球のことを一緒に考えていきましょう。環境科学実験をとおして、地球を守ることができるような科学技術の創出につとめましょう。

また、若い世代がそのような研究を進められるように応援をしませんか。

最後に、このようなメッセージの重要性を高く評価して頂き、世に問うていただいた築地書館の土井二郎さん、稲葉将樹さんに、感謝申し上げます。また、科学実験器のイラストを何度も何度も描き直して、ご協力頂きました浅田美穂さんに感謝申し上げます。そして、いろいろな面でご協力頂きましたサイエンスＥネットのみなさまに感謝申し上げます。

本書は、多くのみなさまのおかげで、書き上げられました。読者のみなさま、ぜひ、多くの方々の叡智がつまった本書で、環境科学の重要性を共通認識にしていきませんか。「母なる地球」のためにできることを、一緒にやっていきましょう。

川村　康文

著者略歴————川村康文(かわむら　やすふみ)

東京理科大学理学部第一部准教授。
NPO法人サイエンスEネット理事長。
NPO法人エコテク未来研究所理事長。
1959年12月28日京都府生まれ。
京都教育大学卒業。
1984年から2003年７月まで京都教育大学附属高校で物理を担当。
そのかたわら、龍谷大学大学院社会学研究科で環境社会学を研究し、続いて京都教育大学大学院教育学研究科で理科教育、特に物理教育における構成主義学習論およびSTS教育の研究を行う。さらに京都大学教育学部で、理科学習や環境学習の認知心理学的なアプローチについて研究。
京都大学エネルギー科学研究科博士後期課程修了。
その後、２年間京都大学教育学部で研究生(教育心理学を研究)。
2006年10月より現職。

「慣性力実験器Ⅱ」で1999年度全日本教職員発明展内閣総理大臣賞受賞をはじめ、科学技術の発明が多く、賞も多数受賞している。

京都教育大学附属高校在勤中は、スーパー・サイエンス・ハイスクール(SSH)の実践を、信州大学教育学部に移ってからは、サイエンス・パートナーシップ・プログラム(SPP)の実践を行っている。
サイエンスレンジャー(日本科学技術振興機構)として園児から大人までを対象とした各種出張実験教室などでも活躍。

おもな著書に『エレガンス物理』。編著書には、『サイエンスＥネットの親子でできる科学実験工作１・２』『STS教育読本』(かもがわ出版)。そのほかに共著、研究論文、教育に関する論文も多数。

著者が代表を務めるサイエンスＥネットのご紹介

サイエンスＥネットは、
これからの「科学」・「科学技術」・「地球環境問題」について
議論し行動していく環境NGOです。
サイエンスＥネットは、
地球温暖化防止京都会議（COP3）をきっかけに、
京都の理科教師が集まって結成しました。
その後メーリングリストを開設し、
インターネットを利用して全国的に活動を行っています。
サイエンスＥネットのＥは、
エコロジーのＥ、エデュケーションのＥ、エレガンスのＥを意味します。
サイエンスＥネットでは、
子供たち向けの科学実験教室や環境問題の教室を開催しています。
科学実験教室を開催して欲しいという希望がありましたら、
サイエンスＥネットまでご連絡下さい。
また、講師や企画運営者として会員になりたい方は、
是非サイエンスＥネットまでご連絡下さい.

ホームページ　http://www2.hamajima.co.jp/~elegance/se-net/

地球環境が
目でみてわかる
科学実験

2004年 7月20日　初版発行
2010年10月20日　4刷発行

著者――――――川村康文
発行者―――――土井二郎
発行所―――――築地書館株式会社
東京都中央区築地7-4-4-201　〒104-0045
TEL 03-3542-3731　FAX 03-3541-5799
http://www.tsukiji-shokan.co.jp/
印刷・製本―――株式会社シナノ
装丁――――――ペーパーインク・デザインサイクル
本文イラスト――浅田美穂

ISBN978-4-8067-1289-3　C0040